杭州职业技术学院文库

U0747693

优化蚕丝复合面料功能的生产技术
以及性能研究

余晓红　著

中国纺织出版社有限公司

内 容 提 要

　　为适应国内外市场对健康、舒适和环保的高新技术纺织品的需求，提高丝绸产品的附加值和性价比，本书对蚕丝复合面料的生产技术进行了优化和改进，通过对原料的选用、织造生产技术和整理技术的研究和实践，研发了高性价比和性能优良的蚕丝复合高档面料。技术可应用于多种精细复合针织绸加工及针织面料加工。

　　本书可作为针织工程技术人员、纺织面料从业人员及科研人员的业务参考用书。

图书在版编目（CIP）数据

优化蚕丝复合面料功能的生产技术以及性能研究 / 余晓红著. -- 北京：中国纺织出版社有限公司，2024. 11. -- ISBN 978-7-5229-2269-0

Ⅰ. TS146

中国国家版本馆 CIP 数据核字第 2024B1Z932 号

责任编辑：张艺伟　　责任校对：寇晨晨　　责任印制：王艳丽

中国纺织出版社有限公司出版发行
地址：北京市朝阳区百子湾东里A407号楼　邮政编码：100124
销售电话：010—67004422　传真：010—87155801
http://www.c-textilep.com
中国纺织出版社天猫旗舰店
官方微博 http://weibo.com/2119887771
天津千鹤文化传播有限公司印刷　各地新华书店经销
2024年11月第1版第1次印刷
开本：880×1230　1/32　印张：5.875
字数：210千字　定价：69.80元

随着社会的进步和人们生活水平的提高，服装除了满足遮羞、御寒和美观三大基本功能外，服用的健康、舒适、环保和安全性越来越被人们重视，绿色、生态纺织品成为人们的首选。绿色、生态纺织品也称环保纺织品，是指在生产和使用时对环境和人体健康无害，符合环境保护和生态指标要求的纺织品。

蚕丝富含蛋白质和18种氨基酸，经种桑、养蚕、结茧、缫丝而得。蚕丝纤维中的色氨酸、酪氨酸能吸收紫外线并进行化学反应，从而防止紫外线直接照射到皮肤表面，降低皮肤老化的程度。蚕丝纤维的横截面形状接近三角形，不仅让人感到视觉上的舒适，同时也散发出一种庄重、典雅和华贵的气息。蚕丝纤维的pH值与人体表面相近，为 6～6.5，纤维柔软细腻，触感十分舒适。此外，蚕丝纤维的空隙率高达70%，具有优良的保温效果。蚕丝纤维的含水率约为11%，具有良好的吸湿性能等特点。因此，被誉为"纺织纤维皇后"的蚕丝可以说是最具生态特色的纺织品，而堪称"人类第二肌肤"的蚕丝织成的织物，也一直是高级服装的首选织物。

20世纪90年代初，丝绸产品仍是奢侈品的代名词，但由于自20世纪90年代中期以来，一方面由于人工纺织的高新技术产品的问世，在丝绸制品领域抢占了很大的市场占有率；另一方面，由于丝绸产品工艺陈旧，产品单调，适用性低，用途范围窄，加之原料成本高，消费群体和消费领域的扩大受到严重制约。在其他纺织纤维面料开发层出不穷、日新月异的情况下，传统的丝绸产品仍处于缓慢发展状态，产品品种传统单一，市场上经销的大部分都是电力纺、双绉、斜纹绸和素绉缎等老品种，产品缺乏新意，而且大部分产品以轻薄为主，主要用于制作夏季服饰，比如连衣裙、衬衣、睡衣、丝巾等，产品容易起皱，使用时间短，应用范围狭窄。丝绸制品的市场占有率一度萎缩，丝绸的消费量仅占纺织产品的0.2%左右。2000年的纽约国际面料展览会上，真丝面料又一次遭遇挫折。中国丝绸产品价格下降，交易量减少，质量与先进国家的差距进一步拉大。其中产品单一是主要缺点之一，各种仿真丝产品的消费量远远超过真丝产品。虽然仿真丝产品有了突飞猛进的发展，有些仿真丝产品在外观上达到了以假乱真的水平，但其内在服用性能却远不能与真丝产品相提并论。因此，市场亟待真丝产品生产工艺的创新和花色品种的丰富。

近年来开发的针织丝绸织物虽然在花色品种上有所创新，但产品仍以轻薄为主，穿着有冰冷感，不适合秋冬季节。因此，研究开发中厚型秋冬丝绸面料备受人们的关注和期待。目前服用性能好、价格适中的中厚型丝绸面料在高档内衣、服饰等方面有着很大的应用潜力，成了国际市场的潮流产品。国内外市场对舒适透气、更加柔软、保养方便且价格适中的复合丝绸针织起绒面料有很大的需求。

本书以"优化蚕丝复合面料功能的生产技术以及性能研究"为主题，进行深入研究和生产实践，使用绢丝与氨纶、莫代尔与氨纶、棉与氨纶、蛹蛋白丝与氨纶、人棉与氨纶、羊毛与绢丝等多种蚕丝复合材料，开发一种针织起绒蚕丝复合面料，同时在后整理过程中使用丝蛋白生态整理剂，以提升其保暖性、柔软性、抗皱性、舒适透气性及保湿性等优良特性。这种复合丝绸起绒面料具有一定的抗静电、抗菌抑菌和抗紫外线辐射等功能，对于开发丝绸在不同季节的消费群体，拓宽丝绸产品的应用范围和消费层次，丰富国内丝绸产品种类，以及满足市场对健康、舒适的高档纺织面料及内服装饰的需要具有积极意义，对提升我国丝绸产品在国外市场的占有率，具有十分重要的应用前景。

余晓红

2023年1月30日

目 录

1 绪 论

1.1 概述

不同的纤维各有千秋，包括蚕丝在内，至今还没有一种纤维足以全面满足人们对衣着的要求。具体而言，以棉、麻、黏胶、富纤及铜氨为代表的纤维素纤维，虽具备优异的吸湿导热性能、抗高温及防蛀特性，却普遍存在弹性不足、蓬松度欠佳、耐酸性差、易霉变及光稳定性不足等缺陷。就蛋白质纤维而言，羊毛虽具有突出的保暖性能、弹性回复率及吸湿性，但其表面鳞片结构易引发皮肤刺激，且存在耐碱性不足的问题。合成纤维与醋酸酯纤维在弹性、强度、耐磨性及化学稳定性等方面表现优异，存储便捷性高，但存在吸湿性差、易沾染污渍及热敏感性等缺陷。总之，每种纤维都有各自的优缺点。如何克服纤维缺点，取长补短，实现性能优化，始终是纺织领域的重要研究方向。其中，一种重要的方法是纤维混合技术，即通过纺丝或复合缫丝工艺将多种材料复合形成纱线，制作多元复合丝织物，有效提升了面料性能。

随着纺织面料向多组分、多功能方向发展，交织技术的优越性日益凸显。基于对美国、法国、德国等国际服装面料展的观察分析，全球面料发展呈现显著的多元化趋势，混纺交织产品占比持续攀升，纤维组合方式突破传统棉、毛、丝、麻的界限，实现多种纤维的协同创新。例如，毛纺产品中添加蚕丝与棉纤维，丝绸产品中添加羊毛、马海毛等其他纤维，尤其是涤纶、锦纶等合成纤维得到广泛的应用。多种纤维的混纺交织弥补了纤维间的不足之处，改善了织物的服用性能。

交织类丝织物指两种或两种以上不同原料丝线交织而成的织物。交织类织物经纬纱除了可以选用不同原料的纯纺丝线，也可以选用复合丝线、混纺纱线以及花式线等。丝线复合方法主要有物理复合法和化学复合法。前者指两种或两种以上不同材质的丝线通过包缠、编织、并合加捻等物理方式加工制成丝线；后者指不同材质原料切片通过复合纺丝或共混纺丝等化学方法加工制得丝线。

通过不同性质纤维交织而成的丝织物，起到取长补短的效果，有效弥补单一原料的局限性，不仅拓展了丝绸产品的品类，而且有效改善了服装的外观效果和服用性能。

通过真丝与其他纤维交织而成的丝织物，能集合各种纤维的优点，弥补纯真丝织物的不足之处，为真丝产品的创新发展提供了重要方向。当前市场上真丝交织产品主要包含以下几种类型。

（1）真丝与氨纶交织

作为一种高弹性纤维材料，氨纶在纺织原料中的占比虽然仅为6%~8%，但其出色的弹性使其在纺织领域具有重要应用价值。研究表明，该材料在500%的拉伸形变下仍能保持95%~99%的弹性回复率，这种优异的弹性特征使其在服装面料中展现出显著优势，具体表现为成衣的贴身性与穿着舒适度显著提升，且经多次洗涤后仍能保持良好的形态稳定性。通过将氨纶与桑蚕丝进行复合加工，采用氨纶为芯层、桑蚕丝为包覆层的结构设计，所织制的复合织物既有蚕丝的高端质感，又有氨纶的弹性优势，不仅有效改善了桑蚕丝易皱、弹性不足的缺点，同时也提升了氨纶的透气性与亲肤性能。从产品结构来看，目前基于真丝/氨纶包缠丝的织物已形成较完整的产品体系，依据弹性特征可划分为低弹、中弹与高弹三大类，织物组织结构涵盖平纹、斜纹及缎纹等多种。

（2）真丝与羊毛交织

采用真丝经线与细支羊毛纬线交织可制得轻薄型面料，选用粗支羊毛纬线可制得厚重型面料；此外，以桑蚕绢丝为经线与羊毛混纺纱为纬线进行交织，可获得综合性能优异的面料，既保留了真丝特有的丝滑质感与柔软性，又兼具羊毛纤维良好的弹性回复性能。

（3）真丝与各种功能性纤维交织

在功能性纺织品领域，真丝与多种功能性纤维的复合应用显著提升了产品的保健功效。以远红外真丝绸为例，其通过将真丝与远红外纤维交织，实现了4~1000μm波长的远红外线渗透，该电磁波可深入皮下组织2~4cm，通过细胞共振产生温热效应，促进微血管扩张，加速血液循环，进而提升人体新陈代谢水平。此外，真丝还可与电磁波屏蔽纤维、负离子纤维及麦饭石纤维等多种功能纤维交织。值得注意的是，真丝绒织物作为另一重要种类，其表面覆盖的致密绒毛或绒圈不仅赋予织物优异的抗压性能，更以鲜艳的色彩、亮丽的光泽及典雅的外观设计，赢得了国内外市场的广泛认可与青睐。常见的丝绒产品有金丝绒、乔其绒、利亚绒、彩经绒等。绒类织物不仅有以真丝作底，还有以真丝做绒毛，产品质感高贵，尽显华丽富贵。

鉴于以上复合混纺多组分纤维面料，通过纤维混纺、复合或纱线交织技术，可以掩盖或减少单一原料产品的缺点，同时也拥有各种纤维的优点，这为复合丝绸新产品的开发带来广阔的应用前景。本书的研究内容就是以多组分复合纤维为原料，运用纤维复合技术，采用绢丝/氨纶/绢丝、莫代尔/氨纶/绢丝、棉/氨纶/绢丝、蛹蛋白丝/氨纶/绢丝、人棉/氨纶/绢丝、羊毛/绢丝等蚕丝复合材料开发蚕丝复合面料，提高织物面料性能，降低原料成本，使"纤维皇后"的应用更加广泛。

同时，有着"天然保健纤维"之称的蚕丝纤维，虽然有着优良的吸湿性、放湿性、保暖性和抗静电性等卫生性能和安全性能，但在日常穿着的丝绸服装中，这种卫生护肤功能难以很好发挥。究其原因在于，从蚕茧到服装穿在人们身上，须经过染色和制衣等几十道工序，每道工序几乎都离不开化学助剂，而化学助剂是蚕丝纤维二次污染的主要来源。北京市纺织产品及染料助剂质量监督检验站的专家指出，甲醛含量过高的纺织品，在穿着和使用后，经呼吸道或皮肤接触，会导致甲醛被带入人体内，从而引起呼吸道感染或皮肤发炎，所以在染色制衣等加工过程中所用的染料或助剂不当，会造成对服装的污染，有害人体健康。为此，卫生环保型蚕丝复合面料开发的另一关键技术在于选择合适的、环保的面料整理剂。我们在面料开发基础上，采用丝蛋白整理技术对面料进行了后整理，蚕丝复合面料经丝蛋白整理剂整理后，不但能改善织物的手感，而且整理后的织物吸湿性好，抗皱性增强，织物的服用性能与卫生性能都达到令人满意的效果。

1.2 研究的意义及主要内容

1.2.1 研究目的与意义

1.2.1.1 高技术创新和发展的需要

有着"纺织皇后"美称的真丝织物有很多其他纤维无法比拟的优越性，按理说在追求品质生活的现代社会，丝绸产品更应该独领风骚。然而，现实并非如此。自20世纪90年代中期以来，一方面，由于高科技人造纺织品的出现，抢占了纺织品面料很大的市场份额；另一方面，其他纺织纤维的织物在经过不断地研究开发和工艺改进之后，在服用性能方面都有很大进步，得到了消费者的普遍认可，从而占领了广大市场。比如涤纶、锦纶等化纤织物，近几年来其整理工艺突飞猛进，手感大为改观，透气性能也大大改善。即使是棉织物，曾经也有类似于丝绸产品易皱等缺点，但是经过棉纺行业长期的研究开发和工艺改造，新一代的棉纺产品早已面市，这类成本比丝绸低的同类产品价格却比丝绸高好几倍，但仍然颇受消费者的青睐。相比之下，丝绸产品仍然在凭借原有的纤维性能优势，工艺技术和产品研发进展缓慢。由于丝绸产品生产工艺陈旧，原料单一，产品单调，季节适用性和用途范围较窄、原料成本高等问题，导致丝绸产品市场份额急剧下降，丝绸工业的发展濒临危机。

蚕丝产业若不注重提升其技术水平，不在新技术、新工艺和新原料的应用上取得较大的进展，就会逐步失去作为传统产业的优势。所以，采用天然纤维如棉、麻、羊毛和氨纶、莫代尔、黏胶等为原料，经与蚕桑丝复合、包覆、混纺或交织等生产方法，在织物中添加两种或更多种成分，在织物的使用特性上能够综合多种纤维的优点，是蚕丝与其他织物的强大组合。利用新型的多组分真丝复合材料，研制出新型织物，结合环保整理剂—丝蛋白质后整理工艺，开创了一种新型的产品研发理念。开发出的产品既保留了蚕丝制品的高贵典雅、质地柔软、光泽柔和、卫生性能良好等优势，还可通过其他纤维的加入，使产品的弹性增强、吸湿透气性及防皱性得到优化，使蚕丝制品的穿着性能得到极大的提高，为我国蚕丝制品的高科技创新与发展做出贡献。

1.2.1.2　满足人们提高生活品质的需要

随着我国政治、经济和社会文化的进步，市场与国际的接轨，人们的消费习惯也在逐步改变，人们不仅希望服装与饰品有着外在的美观漂亮，而且追求产品舒适卫生的内在品质。21世纪是"绿色营销"的时代，伴随着"绿色消费"和"绿色产品"浪潮的兴起，纺织产品在生产、穿着、使用过程中的安全性越来越受到人们的重视。消费者对纺织产品进行选择时，对生态、环保、卫生等方面投入了更多的关注。随着产品功能多样化和绿色环保化的不断发展，纺织产品将会以其特有的功能，走进人类的日常生活。综上所述，蚕丝制品作为纺织行业的份子，同样要进行创新，才能适应人民对物质、精神生活的需求，以及对生活质量的要求。

丝绸是最具生态特点的纺织品，具有舒适、美观、保健等优点，但因其易皱、难待候、产品单调、季节适用性相对窄、原料成本高等问题，严重制约了消费群体的扩大，也导致丝绸产品市场份额急剧下降。因此，改进丝绸产品生产工艺、丰富丝绸产品花色品种和降低产品成本价格备受人们关注和期待。目前，舒适柔软、吸湿透气性优良、保养方便且价格适中的蚕丝针织起绒复合丝绸面料在国际市场上备受推崇，有很大的市场需求和消费潜力。

1.2.1.3　适应国际市场的需要

目前我国丝绸工业以外销产品为主。从近年来在法国巴黎、中国上海和北京等地为国际纺织流行趋势所熟知并引导的展会情况来看，国际市场上流行的多为多种纤维组合设计的产品，陈列展出的产品原料大多数超出两种以上成分，部分产品甚至采用近十种原料。其所选用的原料，有不少是用人丝、天丝等再生纤维与桑蚕丝、棉、麻、毛等天然纤维制成的，也有不少是用天然纤维和涤纶、锦纶等合成纤维制成的。众所周知，大部分的织物都是用纱线通过一定的规律织造而成，并按要求进行适当的整理处理。因此，织物的设计与纤维原料、织物结构和后整理技术密切联系。如果纺织面料要有所创新，必须在原材料上下功夫。各种纤维都有其独特的优势，例如，蚕丝的舒适性和保健功效，棉纤维的吸湿性和柔软性，麻纤维的透气性，羊毛纤维的保暖性和优良弹性，氨纶纤维的优良弹性，等等。通过纤维的复合工艺将这些纤维结合起来，采取适当的编织制造工艺，然后对它们进行适当的后处理，才能让各种纤维都充分地利用自己的优势。通过这种方式，不仅可以将其与世界潮流同步，迎合国内和国外的需求，而且可以为蚕丝制品的研究和开发提供一个新的理念，建立蚕丝产品的新形象，重塑蚕丝的光彩。

1.2.2　研究的主要内容

本书通过对蚕丝与氨纶及其他纤维复合的弹力单面针织编织工艺和起绒加工技术研究，设计与试制绢丝/氨纶/绢丝、莫代尔/氨纶/绢丝、棉/氨纶/绢丝、蛹蛋白丝/氨纶/绢丝、人棉/氨纶/绢丝、羊毛/绢丝等中厚型秋冬复合丝绸新面料，采用丝蛋白整理技术对复合面料进行整理，对试制的七种面料的服用性能进行测试，并选用线性回归方法分析织物结构参数与织物性能之间的关系。面料性能测试结果表明，研发的七种蚕丝复合面料，具有优良的保暖性、透气性、柔软性和抗皱性能，并具有一定的抗静电性、抗菌抑菌性和抗紫外线辐射等功能，是高档蚕丝类针织起绒面料。面料的试制成功，改善了真丝织物、仿真丝织物的性能，丰富了真丝织物的花色品种，有效地解决了真丝季节适用范围较窄的问题，提高了丝绸产品的性价比，这对提高丝绸产品在国内外市场的竞争力和地位具有积极意义。

本研究的主要内容包括以下方面。

（1）蚕丝复合面料的织造生产技术

本研究的产品设计采用以蚕丝纤维为主要原料进行编织，同时考虑到增加织物的弹性和降低成本，添加了氨纶及其他纤维原料。为充分发挥蚕丝纤维健康、护肤、舒适的独特优势，设计时将织物与人体皮肤接触的一面，即织物反面，选用绢丝纤维起绒。试制的七种蚕丝复合面料，衬垫纱采用绢丝，地纱（面纱）分别采用莫代尔、精梳棉纱、蛹蛋白丝、羊毛纱、人棉纱或与氨纶复合纱。课题试样组织结构采用针织纬编衬垫组织，选用平针衬垫组织和添纱衬垫组织两种编织方法，分别在24G/34英寸单面4针道圆机和20G/30英寸单面三跑道针织卫衣圆机上进行编织。

（2）用于面料后整理的丝蛋白整理技术

本研究对影响复合面料性能的另一重要因素——面料后整理工

序进行了研究，分析了用于复合面料的丝蛋白整理剂的制备方法、丝蛋白整理工艺和整理效果。通过采用丝蛋白整理剂对复合面料进行整理，能有效提高织物的干、湿弹力及悬垂性、透气量、透湿性和吸湿率等服用性能。

（3）蚕丝复合面料的服用性能

本研究从舒适性和外观形态两方面对织物进行了性能测试。在舒适性方面测试并分析了织物的保暖性、透湿性、透气性、抗菌抑菌性和抗紫外线辐射性；在外观形态方面测试并分析了织物的刚柔性、悬垂性、抗皱性及起毛起球性能。

（4）蚕丝复合面料织物结构参数与服用性能之间的关系

本研究采用线性回归方法分析了织物结构参数与服用性能之间的关系。研究表明，面料的服用性能与结构参数有着密切的关系。面料的结构参数与其保暖性、抗弯刚度和悬垂性之间存在正相关关系；面料的透气性和透湿量则与结构参数呈负相关；面料的厚度与密度与抗皱性呈不完全相关关系。

2　纺织纤维

2.1 纺织纤维概述

2.1.1 纺织纤维的含义

纤维通常是指长宽比在千倍以上、粗细为几微米到上百微米的柔软细长体（图2-1、图2-2）。纤维是纺织材料的基本单元。纤维不仅可以纺织加工，而且可以作为填充料或直接形成多孔材料，或组合构成刚性或柔性复合材料。

图 2-1 纺织纤维1

纺织纤维是指具有一定的强度、长度、细度和柔韧性，并有一定的可纺性能，能用来生产制造纺织品的各种纤维。

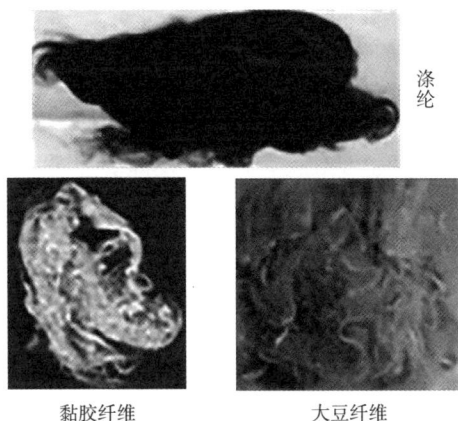

涤纶

黏胶纤维   大豆纤维

图2-2　纺织纤维2

总的来说，纺织纤维必须具有一定的物理和化学性能，以满足工艺加工和人们使用时的需求。

2.1.2　纺织纤维分类

纺织纤维通常根据原料来源和纤维长度进行分类。

2.1.2.1　按原料来源分类

纺织纤维按原料来源分为天然纤维和化学纤维两大类（图2-3）。

（1）天然纤维

天然纤维是从自然界原有的或经人工养育的动植物上直接获取的纤维，比如棉、麻、毛、丝等（图2-4～图2-7）。其中，棉、麻属于植物纤维，毛、丝属于动物纤维。

（2）化学纤维

化学纤维是以天然或人工合成的高分子化合物为原料，经特定加工制造出来的纤维。

化学纤维根据高分子化合物的来源分为再生纤维和合成纤维两

大类。

```
                    ┌ 植物纤维          ┌ 种子纤维：棉
                    │ (天然纤维素纤维)  └ 韧皮纤维：苎麻、亚麻、黄麻、槿麻等
         ┌ 天然纤维 ┤ 动物纤维          ┌ 动物毛：绵羊毛、山羊毛、山羊绒、骆驼绒、
         │          │ (天然蛋白质纤维)  │        兔毛、牦牛毛、牦牛绒等
         │          │                   └ 腺分泌物：桑蚕丝、柞蚕丝、蓖麻蚕丝及
         │          │                              木薯蚕丝等
纤       │          └ 矿物纤维：石棉等
维      ┤          ┌ 再生纤维 ┌ 再生纤维素纤维：黏胶纤维、铜氨纤维、
原       │          │          │                富强纤维、醋酯纤维等
料       │          │          │ 再生蛋白质纤维：酪素纤维、大豆纤维、
         │          │          │                花生纤维等
         │          │          └ 再生无机纤维：玻璃纤维、金属纤维等
         └ 化学纤维 ┤          ┌ 聚酯纤维：涤纶
                    │          │ 聚酰胺纤维：锦纶
                    │          │ 聚丙烯腈纤维：腈纶
                    │          │ 聚乙烯醇纤维：维纶
                    └ 合成纤维 ┤ 聚氯乙烯纤维：氯纶
                               │ 聚丙烯纤维：丙纶
                               │ 聚氨基甲酸酯纤维：氨纶
                               └ 其他纤维：芳纶
```

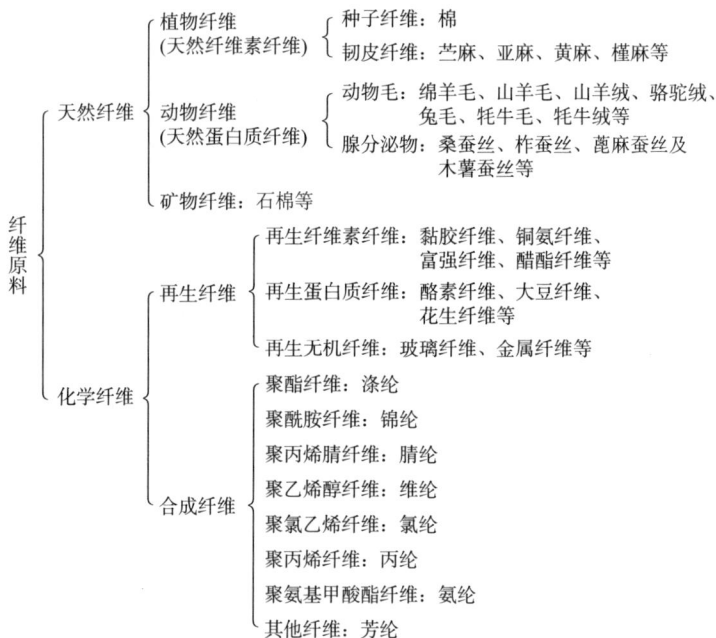

图2-3　纺织纤维按原料分类

图2-4　棉

图2-5　麻

图2-6　毛

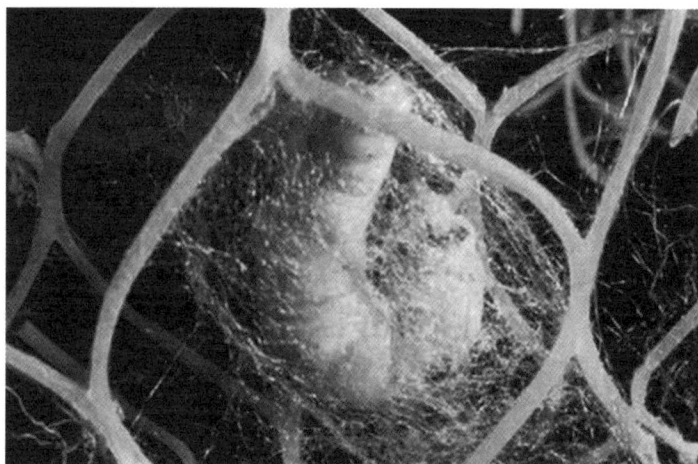

图2-7　丝

①再生纤维。以天然高分子化合物（如木材屑、甘蔗渣、花生、大豆等）为原料，经化学处理与机械加工制成的纤维，如黏胶纤维、天丝纤维、大豆纤维、花生纤维等。

②合成纤维。以煤、石油和天然气等材料中的小分子物质为原料，经人工合成得到高分子化合物，再经纺丝制成的纤维，如锦纶、涤纶、腈纶等。

2.1.2.2　按纤维长度分类

按纤维长度分类，纺织纤维分为长丝和短纤维两大类（图2-8、图2-9）。

（1）长丝

长度达几十米或上百米的纤维称为长丝，如天然蚕丝和化纤长丝等。

（2）短纤维

长度较短（小于几百毫米）的纤维称为短纤维，如棉、麻、羊毛和化纤短纤维等。

图2-8 长丝

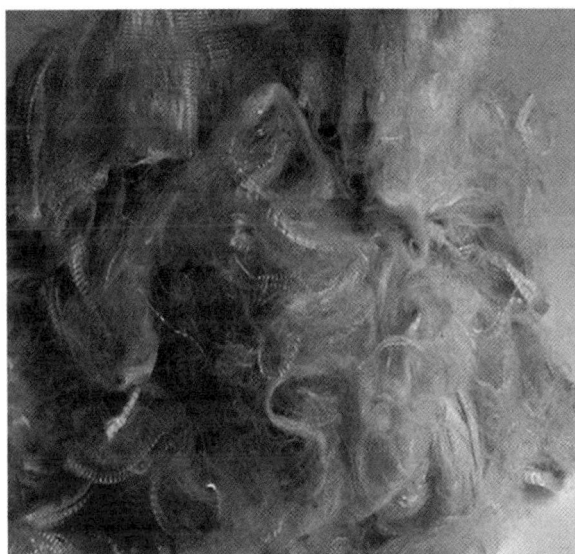

图2-9 短纤维

2.2 天然纤维

2.2.1 常见天然纤维

2.2.1.1 棉纤维

棉纤维（Cotton fiber）外观为白色或略带淡黄色，纤维细而短，细度为11.5～17μm，长度为20～60mm。棉纤维手感柔软，抗折性差，弹性差，易产生褶皱和变形（图2-10、图2-11）。

图2-10 棉朵

（1）棉纤维表面形态

棉纤维纵向结构呈扁平带状，有天然扭转，纤维头端细，梢部略粗，其横截面呈腰圆形，中间有空腔（图2-12、图2-13）。

（2）棉纤维的性能特点

①吸湿性。棉纤维的化学组成中纤维素占94%，其大分子上含有大量的亲水性基团，纤维本身又是多孔性物质，因而棉纤维有较好的吸湿性，标准回潮率为8.5%。棉织物穿着舒适、吸湿透水、不

图2-11 棉花植物

闷热、不起静电。

但棉纤维在吸湿后会膨胀，长度会缩短，因此棉织物吸水后会有"缩水"现象，影响服装的尺寸稳定性，所以在制作服装前应进行缩水处理以改变面料的服用性能。

②耐用性。棉纤维强度较高，干态强度为2.6~4.9cN/tex，湿态强度为2.9~5.6cN/tex。纤维吸湿后膨化，纵向结构由天然扭转的扁平带状逐渐趋向圆柱形，直径变大，所以强度增高。

棉纤维有良好的耐光性、耐洗性、耐日晒性。

棉纤维有很好的耐碱性，在常温下不会影响织物的强度。用浓度为18%的氢氧化钠

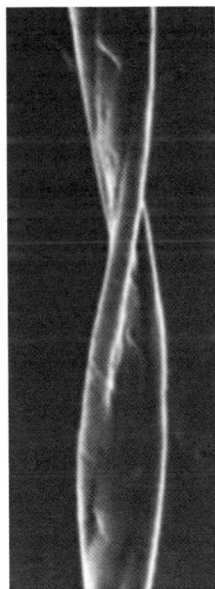

图2-12 棉纤维纵向形态

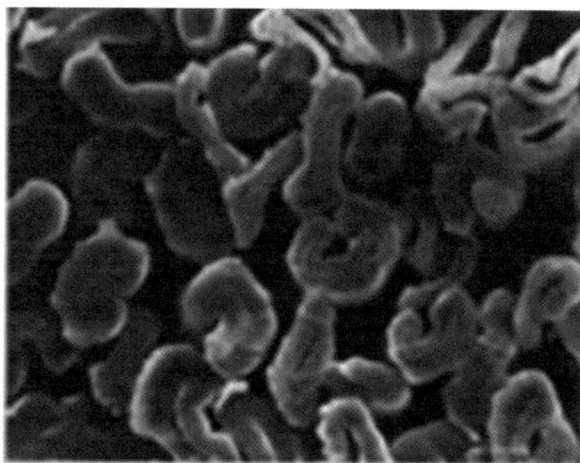

图2-13　棉纤维横截面

溶液浸泡织物，可以使棉纤维产生不可逆转的溶胀、直径变粗、长度缩短；如果再施加一定的张力，可以使棉纤维表面平滑，织物呈现丝一般的光泽，这种处理称为丝光作用。丝光作用后的棉纤维，不仅改善了光泽、提高了吸湿性能，而且染色性能也有所提高。

棉纤维耐酸性较差，酸可以使纤维素分解，造成织物脆化。因此在染色整理中要密切注意。

棉纤维染色性能好，在碱性条件下各种染料都容易上染，色谱齐全、色泽柔和，但色牢度稍差。

③易保管性。在潮湿条件下易霉变，微生物和霉菌对棉纤维有破坏作用，因此棉布服装应该及时清洗干净后防潮保管，其穿着易起褶，需要进行熨烫以恢复平整。

2.2.1.2　麻纤维

麻纤维（Fibrilia）是从麻植物上获取的纤维，用于纺织原料的主要有苎麻、亚麻、黄麻等。纤维的纵向外观有竖纹、横节，因此手感粗糙；吸湿、放湿性能好（图2-14～图2-16）。

图2-14 苎麻植物

图2-15 亚麻植物

图2-16　黄麻植物

（1）麻纤维表面形态

麻纤维的外观颜色大多为白中带黄色、青色或灰色。纤维短而粗，纵向外观有竖纹、横节，因此手感粗糙；纤维的横截面多呈多角形，纤维内部有中腔结构（图2-17、图2-18）。

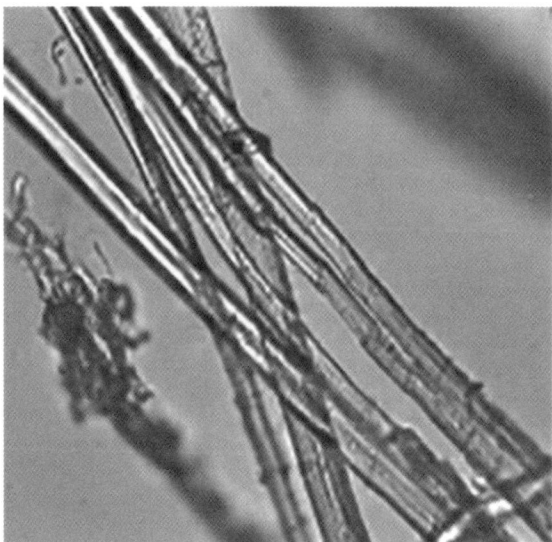

图2-17　麻纤维纵向形态

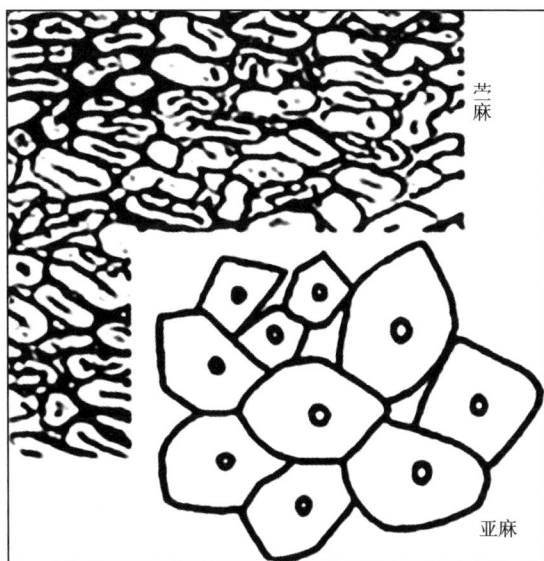

图2-18 麻纤维横截面

（2）麻纤维的性能特点

①舒适性。麻纤维的化学组成中纤维素占60%～80%，具有良好的吸湿性能，标准回潮率为12%。麻纤维散湿速度比吸湿速度快一倍，可以快速将织物中的水分向外散发。因此，夏季穿用麻织物干爽舒适、吸湿透气，可有效消除异味。同时麻纤维导热速度快，麻织物表面有凉爽的感觉。

②耐用性。麻纤维耐碱、不耐酸，耐碱性不如棉纤维，耐酸性比棉纤维好；染色性能好，易上染，色泽柔和。

麻纤维有较高的强度，是天然纤维中强度最高的一种纤维，而且麻纤维的湿态强度更高。麻纤维的伸长能力是天然纤维中最小的。

③抗菌防霉。麻织物对多种病菌有抑制作用，具有一定的抗菌防霉和除臭功能。

（3）麻纤维分类

①苎麻纤维。苎麻起源于中国，被称为"中国草"。苎麻是麻纤

维中品质最好的纤维，色白且具有真丝般的光泽。苎麻纤维是植物纤维中强度最高、断裂伸长率最低、弹性模量最高的一种纤维，纤维长度较长，是一种优良的纺织原料。其吸湿性好，吸湿后强力上升；纤维刚度好，硬挺、不沾身，适宜制作夏季服装；具有粗犷、挺括、典雅、轻盈、凉爽、透气、抗菌等优点，适宜纺织各类卫生保健用品。

②亚麻纤维。亚麻是历史上最古老的纺织纤维。优良的亚麻纤维为淡黄色，光泽较好，吸湿性好，放湿速度快，有独特的清凉感。其通透性能好，耐洗且缩水少，不易沾污、易洗，耐日晒、不变色；纤维刚度好，挺括，触感发硬，织物穿着有扎刺、刺痒感，因此需进行柔软处理。

③黄麻纤维。黄麻俗称络麻，其纤维较粗、较短，刚性好。单纤维不具有纺纱条件，一般用束纤维进行纺织，主要用于制造麻布、麻袋、绳索和地毯等，也可用单纤维采用特殊方式纺纱织布。黄麻纤维具有吸湿性强、散湿快、耐摩擦、表面常呈现干燥状态等优点。

④大麻纤维。大麻又称"汉麻"，表面很粗糙，纵向有许多裂隙和孔洞，并与中腔相连。因此，大麻纤维具有卓越的吸湿透气性能。当光线照射纤维时，一小部分形成多层折射和吸收，大部分形成了漫反射，织物光泽柔和。大麻纤维还有防紫外线辐射的功能。纤维顶端呈钝圆形，没有苎麻、亚麻那样尖锐的顶端，因此用大麻纤维加工形成的纺织品，无须特殊处理，就能有效地避免麻制品的粗硬感、刺痒感。

2.2.1.3　蚕丝纤维

蚕丝纤维（Silk fiber）是天然纤维中唯一的长丝，一般长度为 $1000 \sim 1500m$，是绸缎的主要原料。蚕丝纤维来源于蚕茧，可以分为家蚕丝和野蚕丝。家蚕丝是指桑蚕丝，主要产地在江苏、浙江、安徽、四川等地；野蚕丝是指柞蚕丝，主要产地在辽宁省丹东地区

（图2-19、图2-20）。

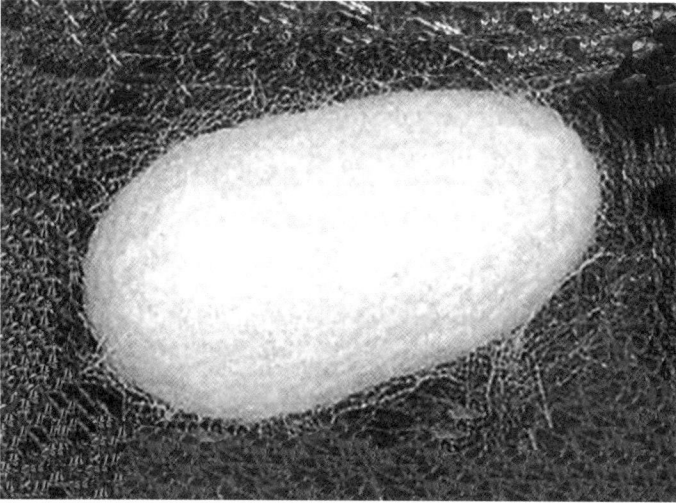

图2-19 蚕茧

图2-20 桑蚕丝

（1）蚕丝纤维表面形态

蚕丝纤维颜色为白中略带黄灰色，具有非常优美的光泽。丝纤维的纵向两根单丝并合而成，表面如树干状，粗细不匀；横截

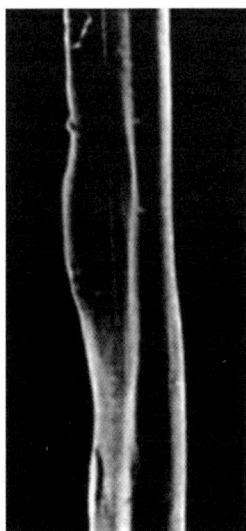

图2-21 桑蚕丝纵向形态

面为半椭圆形和近似三角形，外包丝胶，有三角形的丝素截面和多层的丝胶结构（图2-21、图2-22）。

（2）蚕丝纤维的性能特点

①吸湿性。蚕丝纤维具有良好的吸湿性，蚕丝的公定回潮率为11%，柞蚕丝的吸湿性优于桑蚕丝。

②耐用性。

a.蚕丝纤维的弹性好，强度与棉纤维相近，断裂伸长率小于羊毛、大于棉纤维。

b.蚕丝纤维耐光性很差，较易变黄且强度下降，蚕丝织物洗后应阴干，不宜阳

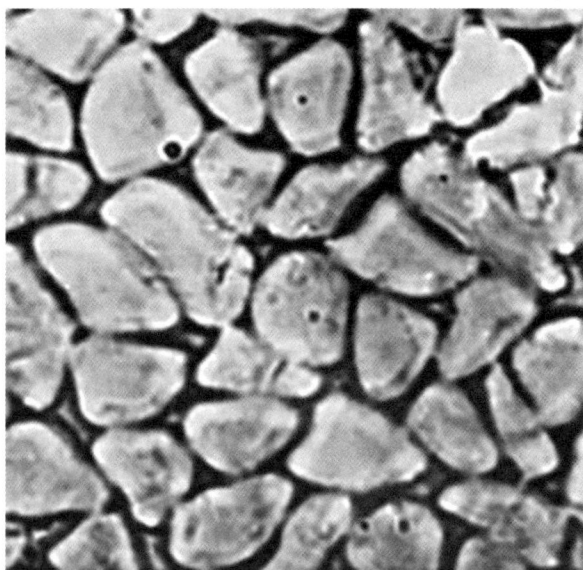

图2-22 桑蚕丝横截面

光直晒。

c. 蚕丝纤维为天然蛋白质结构，因此耐酸不耐碱，单丝的耐酸性不如羊毛，耐碱性比羊毛好。柞蚕丝的耐碱性能比桑蚕丝好。蚕丝纤维染色性能好，易染色、色泽鲜艳、色谱全，但色牢度稍差，不耐日晒。

③丝鸣。经过弱酸（醋酸）处理后的蚕丝织物在相互摩擦时，能产生独特的、悦耳的响声，称为"丝鸣"。

2.2.1.4 天然毛纤维

天然毛纤维（Wool fiber）主要有绵羊毛、山羊绒、兔毛、骆驼毛、牦牛毛等。服装面料中用得最多的是绵羊毛和山羊绒。

（1）羊毛纤维表面形态

毛纤维颜色为灰白色，细度为15～40μm，长度为50～300mm，手感柔软，光泽柔和。羊毛纤维纵向天然卷曲，表面呈鳞片状结构，横截面呈圆形或接近圆形（图2-23、图2-24）。

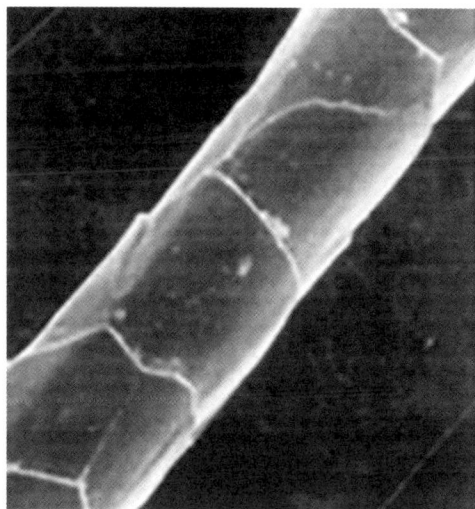

图2-23 羊毛纤维纵向形态

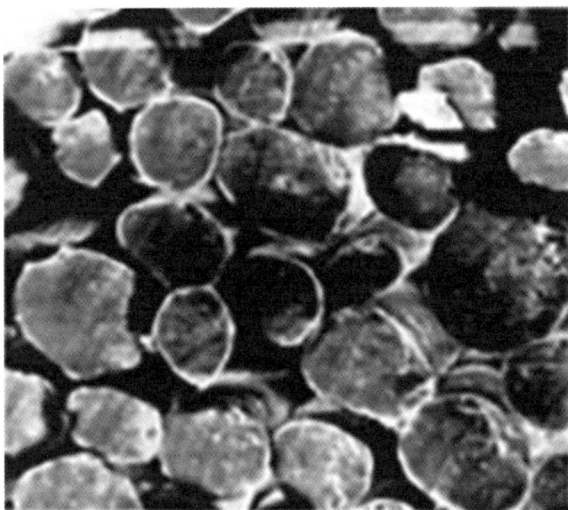

图2-24　羊毛纤维横截面

（2）羊毛纤维的性能特点

①吸湿性。羊毛纤维主要化学组成是蛋白质，是纺织纤维中吸湿性最好的纤维，公定回潮率为15%；羊毛纤维内部还有一定的存水能力，吸湿后织物表面并不感到潮湿，吸湿时还会放出热量。

②耐用性。

a. 羊毛纤维的强度在天然纤维中最低，但伸长能力很强，初始模量较小，因而羊毛织物手感柔软。

b. 羊毛纤维耐酸、不耐碱，织物洗涤时不能用碱性肥皂，要选用中性洗涤剂。

③缩绒性。缩绒性是羊毛纤维特有的性能。羊毛纤维表面包覆着鳞片，鳞片的排列具有定向性。在湿热条件下，鳞片能张开，羊毛纤维在机械外力反复挤压揉搓下，纤维相互交错纠缠，鳞片相互咬合，纤维层逐渐收缩变厚形成缩绒。羊毛纤维产生缩绒的原因是其特有的鳞片结构和天然卷曲性。羊毛的缩绒性，可以使毛织物获得柔软丰厚的手感、优异的保暖效果和典雅的外观风格如麦尔登呢；

同时会使织物的长度缩短，厚度和紧度增加，织纹不露底，表面被一层绒毛覆盖，手感丰厚柔软，保暖性好；但有时也要避免这一现象的发生，否则羊毛织物在洗涤过程中会发生尺寸缩短的现象，影响穿用的舒适性和美观性，因此，羊毛织物在洗涤时要注意不要用力或机洗，防止尺寸变小。

④卷曲性。羊毛的皮质层由正皮质和偏皮质组成。二者平行排列但结构性能不同，正皮质结构较疏松，位于卷曲外侧；偏皮质结构较紧密，位于卷曲内侧，形成双边结构，朝一侧弯曲，形成卷曲。

⑤保管性能。羊毛纤维易受虫蛀、易霉变，因此，羊毛面料服装要洗净晾干，加驱虫药物防潮保管。

2.2.2 天然纤维的鉴别方法

2.2.2.1 显微镜观察法

图2-25 生物显微镜

利用100～500倍生物显微镜（图2-25），通过观察纤维纵向与横截面在外形上的特征区分天然纤维和化学纤维。常见天然纤维纵向、横向结构示意表见表2-1。

表2-1 常见天然纤维纵向、横向结构示意表

纤维名称	纵向形态	横向结构	纤维名称	纵向形态	横向结构
棉	天然转曲	呈腰圆形、有中腔	羊毛	表面覆盖有鳞片层	多为较规则的圆形

续表

纤维名称	纵向形态	横向结构	纤维名称	纵向形态	横向结构
苎麻	横节、竖纹	腰圆形，有中腔，胞壁有裂纹	蚕丝	平滑、粗细不匀	不规则三角形
亚麻	横节、竖纹	多角形，中腔较小			

显微镜中观察到的不同纤维的横向结构与纵向形态见表2-2。

表2-2　常见天然纤维表面形态与色泽

纤维名称	横向结构	纵向形态	色泽
棉	腰圆形，有中腔	天然转曲的扁带状	乳白或洁白
麻	五、六角形；中腔	竖纹、横节	白中带黄、青、灰
丝	半椭圆形或近似三角形	表面如树干状，粗细不匀	白中略带黄灰
毛	呈圆形或接近圆形	天然卷曲，表面有鳞片	灰白

2.2.2.2　手感目测法

先用眼观察其光泽、表面特点，后用手触摸其柔软度与弹性。常见天然纤维及面料特征如下。

（1）棉纤维

光泽为白色或乳白色，因其纤维细而短，因此手感柔软。面料容易起皱，弹性差。

（2）麻纤维

光泽为白中带黄色，表面有竖纹和横节，因此手感粗糙，面料容易起皱，弹性差。

（3）丝

光泽为白中略带黄灰色，富有光泽，纤维细长，因此面料光泽好，手感滑爽。

（4）毛纤维

光泽为灰白色，纤维天然卷曲，因此面料手感光滑柔软，弹性好。

（5）毛纤维与丝的区别

属于长丝的是蚕丝，外观天然卷曲的是毛纤维。

（6）棉与麻的区别

细而短的是棉，表面有横节的是麻。

2.2.2.3 燃烧法

燃烧法指燃烧各种纤维，根据纤维在燃烧时的现象辨别纤维。比如，燃烧中产生烧毛发气味的是毛纤维与桑蚕丝，产生烧纸味的是棉与麻。常见天然纤维燃烧现象及残留物形态见表2-3。

表2-3　常见天然纤维燃烧现象及残留物形态

纤维	状态			气味	残留物形态
	接近火焰	在火焰中	离开火焰后		
棉、麻	不熔不缩	迅速燃烧	继续燃烧	烧纸味	细腻灰白色灰烬
丝、毛	收缩	渐渐燃烧	不易延燃	烧毛发气味	松脆黑球

2.2.2.4 其他鉴别方法

（1）着色法

根据纤维对同一化学试剂显出的不同颜色鉴别纤维。

（2）溶解法

利用纤维在不同化学溶剂中的溶解性能来鉴别纤维。

（3）熔点法

化学纤维中大部分具有可熔融性，可根据它们的熔融温度不同加以区别。

（4）红外光谱法

利用同一化合物对不同波长的红外线具有不同吸收率的特点鉴别纤维。

2.3 化学纤维

2.3.1 常见再生纤维

2.3.1.1 黏胶纤维

黏胶纤维（Viscose fiber）是再生纤维的主要品种。由含纤维素的棉短绒、木材和芦苇等原料制成，由于其主要原料为木浆料，主要化学成分是纤维素，因而基本性质与棉、麻纤维相似。

（1）外观形态结构

普通黏胶纤维的纵向结构为细沟槽，横截面呈不规则的锯齿形，有明显不均匀的皮芯结构，皮层较薄（图2-26、图2-27）。

黏胶纤维的初始模量较小，手感光滑柔软，悬垂性能很好；回弹性差，面料易起皱，织物穿着易产生褶皱。

（2）吸湿性

黏胶纤维具有优良的吸湿性能，其吸湿性为所有化学纤维之首。黏胶纤维织物穿着舒适，柔软透气，但是缩水率较大。

（3）耐用性

黏胶纤维强度低，不耐磨，易破损；普通黏胶纤维在干湿状态

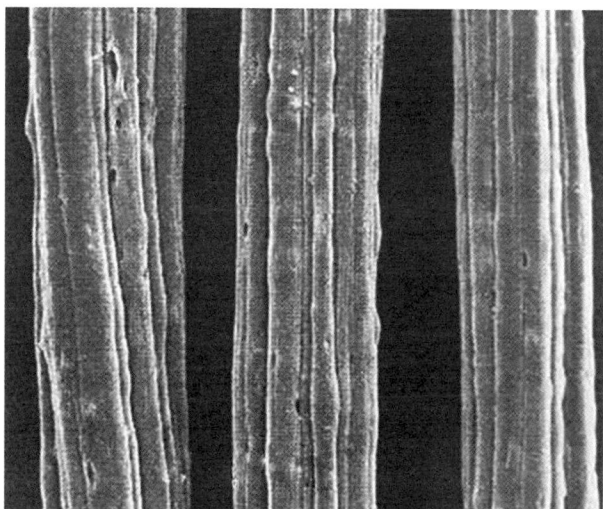

图2-26 黏胶纤维纵向形态

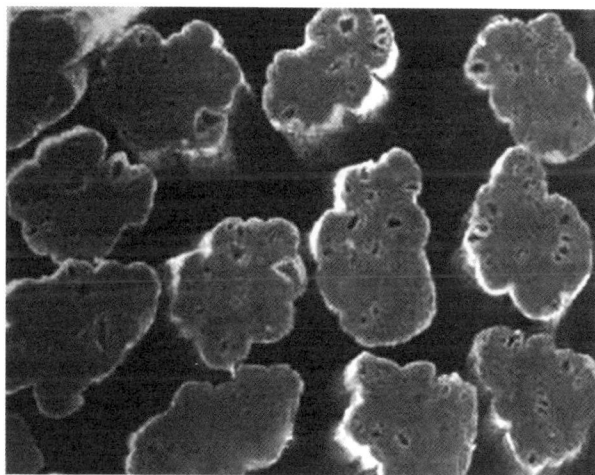

图2-27 黏胶纤维横截面

下强度变化较大，湿状态下其强度下降30%～50%，并且手感发硬，所以黏胶纤维织物洗涤时不能用力揉搓。

黏胶纤维不耐酸，耐碱性比棉纤维差；染色条件与棉纤维类似，具有很好的染色性，颜色鲜艳，色谱全。

2.3.1.2 富强纤维

富强纤维俗称虎木棉，是一种高湿强的黏胶纤维，是黏胶纤维的改良品种。富强纤维有较高的强度、较好的尺寸稳定性和较小的收缩率，缩水率为4%～5%；弹性优于普通的黏胶纤维，织物挺括，具有良好的耐碱性和尺寸稳定性，比较耐洗、耐穿、耐褶皱，但成本高于普通的黏胶纤维。

2.3.1.3 醋酯纤维

醋酯纤维（Acetate fiber）是由纤维素与醋酐发生反应生成纤维素醋酐，经纺丝而成的。由于化学组成结构的变化，醋酯纤维性能与纤维素纤维差异较大。其具有良好的热缩性，模量较低，纤维较为柔软，易变形，耐磨性较差的特点；强度、吸湿性、染色性等较黏胶纤维差；手感、弹性、光泽、保暖性等优于黏胶纤维，类似于蚕丝，主要用来制作仿真丝织物。

2.3.1.4 天丝纤维

天丝纤维又称Tencel（天丝）和Lyocell（莱赛尔）纤维，分别是由英国考陶尔兹公司和奥地利兰精公司生产的一种全新概念的再生纤维素纤维，被称为"21世纪绿色纤维"，生产原料为以针叶树为主的木质浆粕。其物理机械性能远远超过普通黏胶纤维，可与棉及合成纤维媲美，是一种性能优良、可生物降解的化学纤维。天丝纤维不仅具有黏胶纤维良好的吸湿性，而且具有合成纤维的高强度，其尺寸稳定性较好，缩水率较小，高湿强，织物柔软，有丝绸般的光泽。这类织物是制作西服、衬衫、牛仔裤、休闲服、裙装及床上用品的优良面料或辅料，是国际服装市场的热销产品。

2.3.1.5 莫代尔纤维

莫代尔纤维（Modal fiber）是奥地利兰精公司生产的新一代环保型再生纤维素纤维。莫代尔纤维不但具有天然纤维的吸湿性，而且具有合成纤维的强伸性。莫代尔纤维具有棉的柔软、丝的光泽、麻的滑爽，吸水透湿性优于棉，而且具有良好的尺寸稳定性和抗皱性。由于莫代尔纤维手感柔软、悬垂性好、穿着舒适、吸湿和透气性能优良，这类织物是制作贴体服装、内衣和针织衫的优良面料。

2.3.1.6 竹纤维

竹纤维是以竹子为原料，经特殊的高科技工艺处理制取的再生纤维素纤维，也是绿色环保纤维。竹纤维横截面形状与黏胶纤维相近，但是与之不同的是截面内呈多孔状，属于中空多孔结构（图2-28、图2-29）。

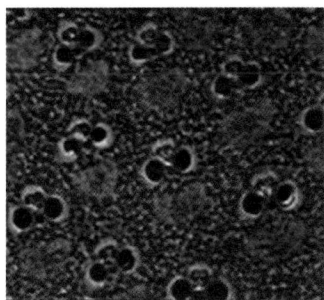

图2-28 竹纤维横截面　　　　图2-29 竹纤维多孔结构

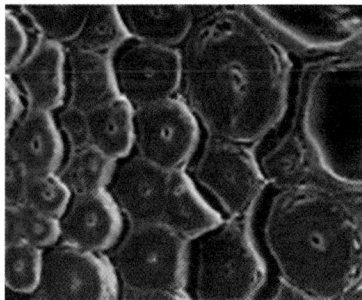

竹纤维具有很好的吸湿和放湿性能；具有优良的着色性、悬垂性；具有任何纤维都不具有的天然抗菌性能。竹纤维主要用于洗浴

用品、内衣、T恤、床上用品、袜子等产品。

2.3.2 常见合成纤维

2.3.2.1 涤纶

涤纶（Polyester fiber）学名为聚对苯二甲酸乙二酯纤维，简称聚酯纤维。涤纶是当今合成纤维中发展最快、产量最大的化学纤维。

（1）外观形态结构

普通涤纶的纵向形态为平滑光洁、均衡无条痕，横截面一般为圆形（图2-30、图2-31）。

为了使涤纶具有羊毛和蚕丝的优点，常模仿它们的结构特性，在不损伤纤维基本性能的前提下，使纺丝液体通过特定的喷丝孔成型，制成相应截面的异型涤纶。异型纤维的断面有三角形、五角形、多叶形、椭圆形、不规则形、圆中空和异型中空等多种。不同类型的异型纤维具有不同的性能。

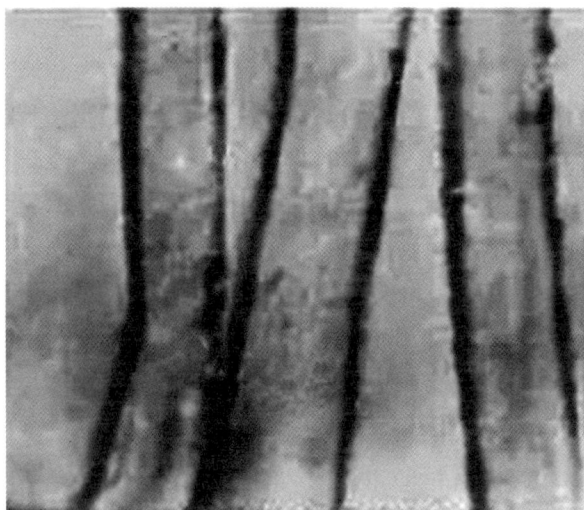

图2-30　涤纶纵向形态

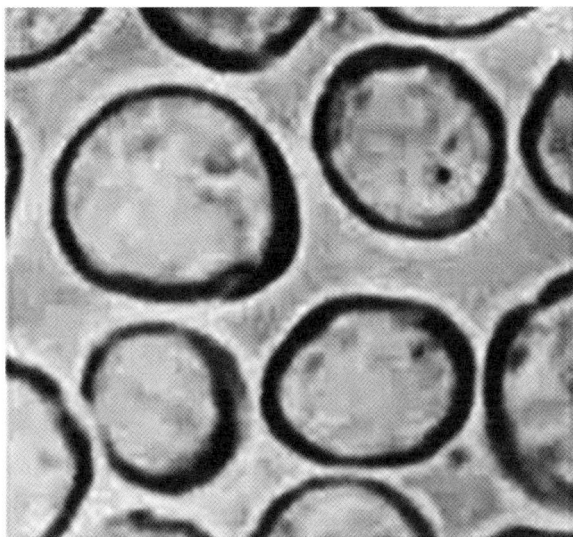

图2-31 涤纶横截面

涤纶弹性回复率高，织物不易起皱变形。其弹性接近羊毛，比锦纶高2～3倍，当伸长5%～6%时，几乎可以完全回复。耐皱性超过其他纤维，即织物不褶皱，保形性能好。

（2）吸湿性

涤纶是疏水性纤维，回潮率很小，吸湿性能很差，穿着闷热、不舒服，易产生静电和吸尘。

（3）耐用性

①涤纶强度高、初始模量高，织物挺括，保形性能好。由于吸湿性较低，它的湿态强度与干态强度基本相同。耐冲击强度比锦纶高4倍，比黏胶纤维高20倍。

②涤纶耐热性、耐光性很好，有良好的热塑性。

③涤纶耐酸不耐碱。可耐漂白剂、氧化剂、烃类、酮类、石油产品及无机酸。耐稀碱，不怕霉，但热碱可使其分解。染色困难，需要用高温高压条件染色。其颜色鲜艳、色谱全。

④涤纶由于强度高、弹性好，用途相当广泛。可单纯纺织，也可与其他纤维混纺、交织，制成花色繁多和性能良好的仿毛、仿棉、仿丝、仿麻等织物。适宜制作男女外衣、衬衣，也可制成絮棉等。

2.3.2.2 锦纶

锦纶（Nylon fiber）又称尼龙、耐纶等，学名为聚酰胺纤维，因我国最早在辽宁省锦州化纤厂试制成功而得名。

（1）外观形态结构

锦纶纤维的横截面为圆形，纤维表面平滑柔顺，具有一定的光泽度。锦纶纤维一般以长丝为主，大量用于变形加工制造弹力丝，作为梭织和针织原料。短纤维主要用于和棉、毛或其他化纤混纺。

锦纶具有很好的弹性回复率，如伸长4%~6%时，其弹性回复率达100%，当伸长10%时，其弹性回复率达98%~100%，而且耐疲劳性能强，能承受数万次来回弯曲折绕。在同样条件下，锦纶耐弯曲折绕的能力高于棉7~8倍，高于黏胶纤维数十倍。

锦纶具有优良的耐磨性，耐疲劳性能居各类纤维之首。其耐磨性为棉的10倍、毛的20倍、黏胶纤维的50倍，故常用于织制袜子。棉、毛、黏胶纤维等纤维常与锦纶混纺，其目的均是提高耐磨性能。

（2）吸湿性

吸湿性能在合成纤维中较好，仅次于维纶，染色性能好，但抗皱性不如涤纶。

（3）耐用性

①锦纶强度高，结实耐磨，强力超过相同粗细的钢丝。

②锦纶耐光性较差，光照时间长易变黄变脆，因而锦纶产品在洗涤后应放在背阴处晾干。与涤纶类似，锦纶具有良好的热可塑性，在热作用下可以将线材料加工成卷曲纱、膨体纱等不同纱线，并且具有不易沾油污、不易霉变虫蛀等优点。

③锦纶适用于女装、运动装、雨衣、泳装、透明长筒丝袜、缝纫线、填充材料、绳带等服装品类。

2.3.2.3 腈纶

腈纶（Acrylic fiber）的学名为聚丙烯腈纤维，腈纶是中国的商品名称，国际上还称为"奥纶"和"开司米纶"。

（1）外观形态结构

腈纶的外观呈白色，卷曲、蓬松，手感柔软，酷似羊毛，故又被称为"合成羊毛"。湿法纺丝的纤维横截面呈圆形，干法纺丝的纤维横截面呈哑铃形。

腈纶在实际使用中绝大多数为短纤维。腈纶比重较小，在纺织纤维中属较轻的纤维；集合体的压缩弹性很高，为羊毛、锦纶的1.3倍，弹性回复率低于锦纶、涤纶和羊毛，承受多次拉伸循环作用后，剩余变形较大。

（2）舒适性

①吸湿性。腈纶属于疏水性纤维，吸湿性差。

②保暖性。腈纶蓬松性、保暖性很好，有人造羊毛之称，主要用于毛线、针织物和较厚的仿毛型梭织物。

（3）耐用性

腈纶耐光性能最好，特别是耐日晒性很好，如果在室外暴晒一年，其强度仅下降20%；具有良好的耐热性能，在125℃热空气下放置32天，强度也可保持不变。

2.3.2.4 维纶

维纶（Polyvinyl alcohol fiber）学名为聚乙烯醇缩甲醛纤维，有的国家与地区也称"维尼纶""维纳纶"等。维纶纤维洁白如雪，柔软似棉，因而常被用作天然棉花的替代品，人称"合成棉花"。

维纶的横截面为腰圆形，有皮芯结构。维纶是合成纤维中吸湿性能最好的纤维，但染色性能较差，强度较高，耐磨性较好，弹性较差，化学稳定性和耐腐蚀性好。

2.3.2.5 丙纶

丙纶（Polypropylene fiber）学名为聚丙烯纤维，又称为"帕特纶""梅拉克纶"等。丙纶是纺织纤维中最轻的品种之一，比重比水还小。其强度、弹性和涤纶相近，化学稳定性好；吸湿性和染色性很差，几乎不吸湿；耐热性和耐光性差，容易老化。

2.3.2.6 氨纶

氨纶（Polyurethane fiber）学名为聚氨基甲酸酯纤维，也称聚氨基弹性纤维，是一种具有高弹性能的特种纤维，国外统称为斯潘德克斯（Spandex），商品名称为莱卡（Lycra）。

氨纶纤维外观为白色长丝，化学性能好，耐酸耐碱。氨纶纤维可以延伸到自身长度的5～8倍，弹性回复率高达98%，其弹性优于现有的绝大多数纤维。除此之外，氨纶还具有纤度细、强度高、吸湿性差、比重小和色牢度优良等特点，是一种综合性能极佳的新型纺织原料。

氨纶一般不用于单独织布，用2%～25%氨纶与其他天然或化学纤维制成包芯纱或包覆纱，可制织弹力布，如棉加氨纶、丝加氨纶等。

2.3.3　化学纤维鉴别方法

2.3.3.1　显微镜（观察）法

利用100～500倍生物显微镜，通过纤维纵向形态与横向结构在外形上的特征加以区别（表2-4）。常见化学纤维表面形态一览表见表2-5。

表2-4 常见化学纤维纵向形态与横向结构

纤维名称	纵向形态	横向结构	纤维名称	纵向形态	横向结构
黏胶	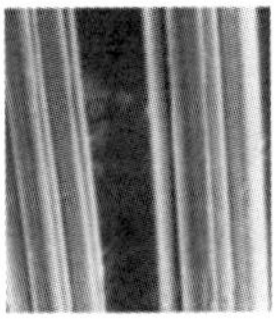 多根沟槽	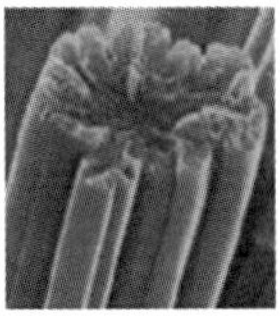 锯齿形、有皮芯结构	腈纶	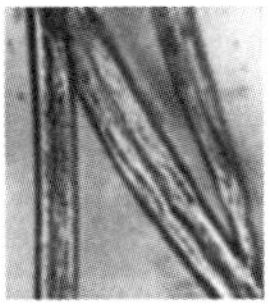 平滑或1~2根沟槽	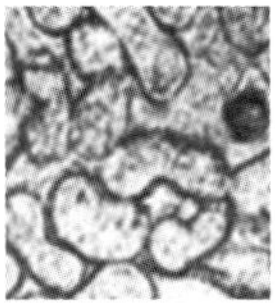 圆形或哑铃形
涤纶锦纶丙纶	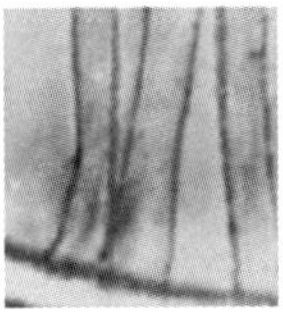 平滑	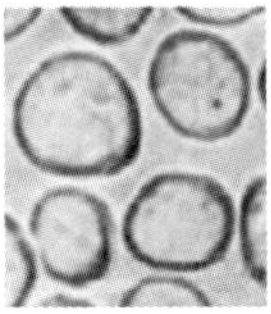 圆形			

表2-5 常见化学纤维表面形态一览表

纤维名称	横向结构	纵向形态
黏胶	不规则锯齿形	有沟槽
醋酯	不规则花朵	有沟槽
涤纶	圆形	平滑
锦纶	圆形	平滑
腈纶	圆形、腰圆形、有空穴	有沟槽
氨纶	圆形、腰圆形	平滑

2.3.3.2 手感目测法

通过眼看、手摸来观察、感知纤维的细度、色泽、刚柔性、弹性、冷暖感等表面特征。常见化学纤维及面料的感官特征见表2-6。

表2-6　常见化学纤维及面料的感官特征

纤维名称	感官特征
黏胶	手感柔软，但缺乏身骨，比棉织物更易褶皱，湿强大大低于干强，有刺眼的白色光泽
涤纶	手感挺括干爽，强力大，弹性好，易起球，在阳光下有闪光
锦纶	有蜡光，强力大，弹性好，手感比涤纶糯滑，但易起皱变形
腈纶	手感蓬松，伸缩性好，类似毛织物，但更轻盈温暖，易起毛起球
维纶	类似棉织物，但不及棉织物细柔，色泽不鲜艳
氨纶	具有非常大的弹性，在室温下可拉伸至5倍以上，回弹率仍在95%

2.3.3.3　燃烧法

通过观察纤维接近火焰、在火焰中、离开火焰后的各种现象（如燃烧难易、燃烧速度），燃烧时产生的气味，燃烧后残留物形态来分辨纤维类别。常见化学纤维燃烧现象及残留物形态见表2-7。

表2-7　常见化学纤维燃烧现象及残留物形态

纤维名称	状态			气味	残留物形态
	接近火焰	在火焰中	离开火焰后		
黏胶	不熔不缩	迅速燃烧	继续燃烧	烧纸味	细腻灰白色灰烬
涤纶	收缩、熔融	先融后燃、有熔液滴下	能延燃	特殊芳香味	玻璃状黑褐色硬球
锦纶	收缩、熔融	先融后燃、有熔液滴下	难延燃	氨臭味	玻璃状黑褐色硬球
腈纶	收缩、熔融、发焦	熔融、燃烧、发光、有小火花	难延燃	辛辣味	黑色松脆硬块
维纶	收缩、熔融	燃烧	继续燃烧	特殊的甜味	黄褐色硬球
氯纶	收缩、熔融	熔融、燃烧	自行熄灭	刺鼻气味	深棕色硬块
丙纶	缓慢收缩	熔融、燃烧	继续燃烧	轻微沥青味	黄褐色硬球
氨纶	收缩、熔融	熔融、燃烧	自灭	特异气味	白色胶块

2.3.3.4 其他鉴别方法

（1）着色法

根据纤维对同一化学试剂显出的不同颜色鉴别纤维。

（2）溶解法

利用纤维在不同化学溶剂中的溶解性能来鉴别纤维。

（3）熔点法

化学纤维中大部分具有可熔融性，可根据它们的熔融温度不同加以区别。

（4）红外光谱法

利用同一化合物对不同波长的红外线具有不同吸收率的特点鉴别纤维。

2.4 新型服用材料

新型服用材料的类型可分为新型天然纤维材料、新型化学纤维材料、功能性服装材料与保健服装材料四类。

2.4.1 新型天然纤维材料

2.4.1.1 彩色棉花

彩色棉花简称彩棉。传统的棉花原本呈白色，经过染色加工等工艺处理后，才呈现出各种颜色。然而，用于染色的染料大多数为化学品，这不但会提高面料的生产的成本，还会产生污水、废液，污染周围的环境，而且对人体健康也会有一定的危害，可能还会引发肿瘤、皮肤疾病等。彩色棉织物则无须染色，对环境污染极小，具有卫生、环保和舒适的独特优点。彩色棉花产品的颜色源于自然，色彩柔和，风格独特。采用环保型原料彩色棉花制作的纺织用品，在世界范围内得到了广泛的应用并受到消费者的青睐。现在已经开发出的彩色棉花颜色有淡黄色、粉紫色、粉红色、奶油白、咖啡色、绿色、灰色、橙色、黄色、棕色、淡绿色和铁锈红，等等。

彩棉织物色牢度高，经多次洗涤，也不太会褪色，而且质地坚牢，经久耐用。用彩棉制作的服装不仅能增强穿着的舒适性，还能起到止痒、防过敏和屏蔽紫外线等功效。由于彩棉呈弱酸性，采用彩棉面料制作的衬衫、内衣裤，对人体肌肤有良好的亲和性。

2.4.1.2 罗布麻纤维

罗布麻又名红野麻，因在新疆罗布泊发现而得名。其含有黄酮类化合物、强心苷、氨基酸等化学成分，对降低穿着者的血压和清火、强心等具有显著的效果。还具有挥发性的麻甾醇等物质，对金黄色葡萄球菌、铜绿假单胞菌、大肠埃希菌等有不同程度的抑制作用，用罗布麻面料缝制的内裤还有杀菌作用。

2.4.1.3 转基因蚕丝

科学家们运用生物学和遗传工程的手段，将蜘蛛丝蛋白融入蚕体内的DNA中，蚕通过修改自己的基因吐出"蜘蛛丝"，又称"蛛丝"。蛛丝具有优良的特性，它的耐折能力是普通丝绸的十多倍，尼龙丝的五倍，伸长率高达35%，远超各种服用纤维的性能，并且具有丝绸一样的柔软与光滑，是高端的纺织材料。蛛丝还可以用于制作防弹马甲，用蛛丝做的马甲穿起来比一般的防弹马甲更舒适。

2.4.2 新型化学纤维材料

2.4.2.1 新型纤维素纤维

（1）天丝（Tencel）

天丝纤维属于再生纤维素纤维，是以针叶树为主的木质浆粕为原料进行再生产而制成的。天丝纤维的物理机械性能远超普通的黏胶纤维，是一种性能优良并具有可生物降解性能的化学纤维。天丝织物既具有天然纤维的优势，又兼备化学纤维的某些特性，比如具有优良的吸湿透气性、易染色、色泽艳丽、光滑柔顺、悬垂性好，同时又具有收缩率小、尺寸稳定性能好的特点。天丝纤维可纯纺或混纺制成梭织物、针织物和非织造布，其制作过程对环境污染较小，被称为"绿色纤维"面料。天丝织物是制作西服、衬衫、牛仔裤、休闲服及裙装的优良面料或辅料。

（2）莫代尔（Modal）

莫代尔纤维属于再生纤维素纤维。其干强度接近涤纶，湿强度比普通黏胶纤维高很多。莫代尔纤维织制的面料手感柔软滑爽、色泽鲜艳、光泽明亮、悬垂性好，具有真丝般的光泽，是一种天然的丝光面料。莫代尔纤维的吸湿能力比棉纤维高50%，染色性、染色牢度和尺寸稳定性比棉纤维更佳，具有优良的抗皱性、免烫性。

莫代尔服装手感柔软、悬垂性好、穿着舒适、吸湿和透气，一般用于制作贴体服装、内衣和针织衫。

（3）竹纤维

①柔韧性和染色性。竹纤维单纤较细，白度好，染色性能好，色泽鲜艳，纵向和横向强度高，具有较强的韧性、耐磨性、回弹性和悬垂性。竹纤维面料丰润挺括、润滑细腻、飘逸大方，具有一种天成浑然、朴实无华的淡雅质感。

②吸湿性和透气性。在高倍电子显微镜下观察，竹纤维横截面形态与黏胶纤维相似，但是与之不同的是，竹纤维横截面内呈多孔状，属于中空多孔结构。横截面内的中腔布满了大小不一的缝隙，而且边缘有裂纹，形成极强的毛细管效应，能瞬间吸收并且蒸发大量的水分。竹纤维的吸湿性、放湿性和透气性居天然纤维之首。竹纤维在温度36℃、相对湿度100%的条件下，回潮率超过45%，透气性比棉纤维强3.5倍，被誉为"会呼吸的纤维"。

③抗菌保健性：竹纤维具有出色的瞬间吸水性能，以及天然的抗菌性、抑菌性和抗紫外线的功能。竹纤维面料经多次反复洗涤和日晒后，仍能保持原有的特性。

2.4.2.2　新型再生蛋白纤维

（1）玉米蛋白纤维

玉米蛋白纤维的吸湿性、强度、伸长性和染色性能与常用的化学纤维接近，但其最大的优点是在生产中具有良好的环保性能。玉米蛋白纤维可用于多种用途，如内衣、大衣、运动服、休闲服、家用纺织品等，也可用于产业用纺织品。目前，美国饲用玉米供应商（Corn Product Retining）公司生产的玉米蛋白纤维——维卡拉（Vicara）纤维具有耐高温、抗生物性、化学性质很稳定等优点。

维卡拉纤维与其他纤维进行交织或混纺，既可降低织物成本，又能提高面料的柔软性、抗皱性、抗高温性和化学稳定性等性能。

（2）大豆蛋白纤维

大豆蛋白纤维是我国最早开始工业化生产的再生蛋白质纤维。大豆蛋白纤维颜色为淡黄色，有点类似柞蚕丝的颜色。大豆蛋白纤维在120℃左右开始发黄、发黏，耐热性较差。大豆蛋白纤维的断裂强度与涤纶接近，高于羊毛、棉和蚕丝纤维，其耐酸性较好，耐碱性一般。大豆蛋白纤维主要用于制作内衣、衬衫、睡衣和睡裤等。

2.4.2.3　新型合成纤维材料

（1）异型纤维

异型纤维是相对于圆形纤维而言的。所谓异型纤维，就是把原来横截面为圆形的合成纤维制成截面畸形的纤维，它是用有特殊几何形状的喷丝板孔挤压出来的，使截面呈一定几何形状的纤维。目前生产的异型纤维主要有三角形、丫形、五角形、三叶形、四叶形、五叶形、扇形、中空形等。

异型纤维的性能特点是光泽好、耐污性好、覆盖性大、蓬松、透气、抗起球、耐磨、吸湿性及放湿性好、抗静电等。例如，三角形纤维使织物具有毛感、挺括爽滑、抗皱、有弹性、保温且有闪光等特性，三叶形纤维使织物具有耐磨、蓬松、厚实感、不易起球等特性，五叶形纤维与八叶形纤维使织物具有蓬松、光泽柔和、透气、抗起球、刚度大等特性，扁平形纤维使织物具有平滑挺直、不易缠结、仿毛感强等特性，中空形纤维使织物具有蓬松保暖、手感好、毛感好、质轻厚实、回弹性好等特性。

异型纤维常用于夏季的排汗快干性面料、运动性面料和仿生织物。比如美国杜邦公司的四管道异性型聚酯（Coolmax）纤维的管壁透气，该纤维具有优良的液态水传递能力，具有较强的吸湿排汗功能，因此，其经常被用来生产运动服装和夏季服装。

（2）复合纤维

复合纤维是指以一定的方式将两种或两种以上的高分子材料或性质不同的高分子材料复合而成的纤维。这种纤维既具备两种及以上纤维的性能，同时还可以具有弹性好、卷曲高、易染性强、难燃性好、抗静电性好的特点。其常见的复合方法包括双层型和多层型。双层型的切面结构有皮芯型、并列型、偏列型和偏心型等，而多层型的切面结构则包括放射型、海岛型、多芯型、星云型和木纹型等。

（3）热塑性纤维

热塑性纤维（ES纤维）又称热粘合纤维，由聚乙烯（熔点为110～130℃）作为外皮层和聚丙烯（熔点为160～170℃）作为内芯层组合而成。经过热处理，其内层的纤维层依然保持着纤维的形态，外层的表层纤维层由于熔融而形成粘合。ES纤维被普遍应用于非织造布领域、热熔衬料与填充料等，还可应用于茶叶袋、过滤材料等。

（4）高吸水性合成材料——Hygra纤维

Hygra纤维是由日本由尤尼吉卡公司开发的一种新的高性能复合材料。采用网状结构的吸水性高分子为内芯层，以聚酰胺作外皮层，制备出的一种具有皮芯结构的新型复合材料，其吸湿性能和放湿性能均优于棉、麻、丝、毛等天然纤维。因此，穿着用这种材料制作的服装的时候，身体出汗时排出的气体和水分都会被内层的吸水性高分子所吸附，同时，其表层的聚酰胺即便是处于潮湿状态，也不会产生黏性，所以用其制作的服装穿着感觉非常舒服。此外，Hygra纤维的抗静电能力极佳，由其制作的服装不容易吸尘沾污。

（5）新型聚酯纤维——PBT纤维

PBT纤维的学名是聚对苯二甲酸丁二醇酯纤维。PBT纤维具有较好的弹性和良好的染色性能（高上染率和良好的色牢度）；洗涤性、抗皱性、尺寸稳定性能好。PBT与氯纶具有相同的弹性，但其成本较低，是在多个领域被广泛使用的一种有弹力的面料，如运动服、泳衣、网球服等。另外，PBT还可以与其他类型的织物进行混合，制成织物。

（6）新型高收缩纤维

纤维在沸水中收缩率达到20%左右的纤维称为收缩纤维，一般合成纤维的沸水收缩率低于9%，高收缩纤维在沸水中的收缩率达到35%以上。常用的有高收缩腈纶和涤纶。高收缩腈纶具有质轻柔软、蓬松保暖等特性，高收缩涤纶具有更好的蓬松度和丰满度。

2.4.3　功能性服装材料

2.4.3.1　智能纤维

"智能纤维"是一种能够存储、转移和转换周围环境中的能源和信息功能的纤维。用智能纤维制作的服装具有根据人体和环境的变化而变化的功能，或者说服装的功能懂得身体语言。

（1）液晶变色服装材料

现在，世界上许多国家的纺织服装业都采用了微胶囊技术、涂料技术，以及液晶技术，生产出了多种多样的服装面料，比如变色服装、绒线、窗帘等。液晶变色衣物材料制作过程中，将液晶材料、染料等因温度、光照等条件改变而发生颜色改变的材料，均匀地分布于液体树脂胶粘剂或染色浆料中，并将其涂布于纺织品表面，形成0.002mm左右的微囊贴于衣物表面，通过改变其表面的颜色，实现对服装颜色的有效改变。根据液晶材质的差异，色彩和效果也会发生变化。一些材质包含感光性液晶，除了对温度比较灵敏之外，光线的亮度发生改变或者当行人经过或手掌放在衣物上又离开时，都会对色彩造成不同程度的影响。各种颜色的织物被广泛地应用在男性外套、女装、泳装以及"幻影"服装等。

（2）自动调温材料

①自动调温织物。美国的科研人员利用聚乙烯-乙二醇法对一般的棉织物进行加工处理，研究表明，经整理的棉织物在受热时，会吸收大量的热能，从而降低人体的体温，在寒冷时，由于受热而发生的收缩，会释放出大量的热能，从而提高衣服的保暖效果。日本的科研人员将"气温记忆性高分子"包覆在聚丙烯酰胺或涤纶丝上，分为晶态与非晶态，随着气温的升高，分子间距增加，有助于排汗，使人体肌肤感到清凉；在低于25℃的条件下，由于材料的分子发生了收缩，纤维之间的间距变小，使散热变得更少，因此具有隔热作用。

②光能服。科学家基于对白熊（又称北极熊）毛皮光热转化机理的研究，开发出了一种与白熊毛皮相类似的衣物。其基本原理就是利用具有吸光蓄热性能的特殊材料如碳化锆为材料，经处理后制成衣物，这种衣物可以将光能转化成热能存在衣物中，从而提升温度。经过有关试验，以此为原料制成的运动衣，能够在5～20分钟内迅速升温，其热量超过普通尼龙运动衣3℃。这一结果为人们"薄衣过冬"创造了可能。

③化学调温的服装材料。一种用化学方法调温的纺织品。它附有一层内装硫酸钠的不透水的薄膜，当薄膜内的硫酸钠受热后，会液化贮热，其贮热能力比水强60倍，从而使体感温度下降，而遇冷

时硫酸钠会固化，同时将吸收的热量散发出来，从而使体感温度升高。这种面料一般用于服装和窗帘。

（3）其他智能性服装材料

由于微胶囊中可以有性能各异的材料，使各种智能服装的研制与使用成为可能。如为医务工作与食堂工作的人员设计的工作服，可利用灭菌消毒制剂以微胶囊技术对面料进行处理，在服装洗涤时，可同时自行消毒。又如救生服装，干爽时与普通服装无异，一旦遇水，其体积迅速膨胀至数十倍，成为可浮在水面的救生服。再如晴雨两用服装，晴天时服装干爽而透气，雨天时纤维膨胀增粗，纤维与纤维之间的空隙膨胀使雨水无法渗透，从而使服装具有防雨功能。

2.4.3.2 增强舒适性的服装材料

随着人们对衣着追求的层次提高，舒适性越来越被关注。调节服装的吸湿、保暖或凉爽条件，以实现着装的舒适，是许多服装材料工作者所研究的问题，近年来，有不少新型服装和材料问世。

（1）防暑凉爽服装材料

随着全球变暖，夏季气温一年比一年高，夏日炎炎、酷暑难耐时，人们可穿用这种防暑凉爽的服装。

①凉爽棉。凉爽棉是由美国杜邦公司推出的一种混纺棉织物，由56%的棉、24%的聚酰胺和20%的莱卡弹性纤维混合而成。这种面料透气性好、凉爽、手感舒适，适合制作各类内衣裤及其他夏季服装。

②冰帽材料。在夏季足球比赛的看台上，观众常常佩戴"冰帽"。冰帽使用的面料中添加了一种吸水剂，帽子经水泡后里面的吸水剂会吸水膨胀，带走大量的热量，产生制冷效果，因此会感到凉爽，而且不会感到潮湿。

③凉快的裤袜材料。夏天的柏油马路路面热气蒸腾，穿裙装的女性对此感觉尤其明显。这种裤袜材料在制作时将一种胶囊剂复合

在紧身裤袜中，胶囊里含有维生素C和多种维生素及矿物质的藻类产品。穿上这款裤袜后，胶囊内的物体会释放出来，并渗透到肌肤，让双腿有清凉的感觉。一般经过6次以上洗涤，清凉效果会逐步减弱。

④防暑和防日晒的凉爽服装材料。将金属氧化物掺杂在聚酯纤维中能使服装内部保持凉爽，同时能减弱因紫外线或太阳光照射而引起的服装褪色现象。相关试验表明，与棉织物相比，在太阳光的直射下，含有金属氧化物的聚酯纤维面料的温度可以降低5~10℃；与普通聚酯纤维面料相比，可降低5℃左右。

在服装衬里中置入由水和乙二醇混合物制成的冷却剂，由于冷却剂的循环作用，使空气温度下降，从而使人体降温以防酷暑，是夏季降温的好材料。

（2）保暖服装材料

①保暖内衣衬衫面料。由纯棉双层高支细罗纹为面料的针织保暖内衣，中间夹有高支弹力棉，所以这种内衣保暖性好，轻薄，而且富有弹性。

②太阳绒面料。这是一种将传统的100%羊毛纤维经过充分绒化并蓬松处理后，夹在两层柔软镜面之间，形成可调节厚薄的热对流阻挡层（气囊）。这种材料具有极低的导热系数，并能有效反射人体热射线。由于其主要由"气囊"构成，空气含量高达90%，因此既轻盈又柔软。太阳绒面料每单位体积的纤维量仅为棉花的三分之一和羽毛的五分之一，从而使服装既美观又不显臃肿。在炎热时，气囊可打开以散热；在寒冷时，气囊则关闭以保持温暖。这样既能调节温度又具备透气性，适合用于秋冬季节的服装。

（3）甲壳素纤维材料

甲壳素又称甲壳质、壳蛋白、几丁质，是一种白色或灰白色的半透明固体，具有动物骨胶原组织和植物纤维组织的双重特性，对动物和植物细胞都有良好的适应能力。虾皮、蟹壳和昆虫的外壳中都含有甲壳素，植物的菌体和藻类的细胞壁上也存在这种物质。甲壳质的分子结构与纤维素极为相似，它是由N-乙酰基-D-葡萄糖胺通过β-1，4-糖苷键连接而成的直链状多糖，经过脱乙酰化反应转变为壳聚糖。甲壳素具有抗菌、吸水性优良，以及与活体组织具有良好的相容性等特点。医学上常用它来制造人造皮肤、止血材料及外科手术缝合线等。纺织服装界则用它作为防雨剂、吸湿剂和防霉、防腐剂。医学上常用它来制造人造皮肤、止血材料及外科手术缝合线等。纺织服装界则用它作为防雨剂、吸湿剂和防霉、防腐剂。

采用甲壳素膜层作芯料，贴身的里层为纯棉织物的新型运动服具有优越的吸湿排汗性。运动时产生的汗液被棉里和甲壳素迅速吸收，并通过透湿防水层向外扩散。因此，这种新型运动衣服解决了运动员出汗闷热的不适感。除此之外，甲壳素还有抗菌、防臭的性能。

（4）安全防护型服装材料

①防弹衣材料。20世纪30年代出现的第一代防弹服，其材料主要是钢板或镀金丝网，质地比较硬，也比较笨重。20世纪70年代制造出软式的防弹服装重量减轻，原因是采用了聚酰胺纤维、多层凯夫拉纤维，以及芳纶等材料。20世纪80年代以后，特别是21世纪以来的防弹衣材料，采用玻璃钢与轻质陶瓷纤维，含有前面提及的"蛛丝"等材料，具有抗连续冲击、抗碎裂与扩展等特点，因此，能较有效地与子弹近距离直射冲击。

②防核、生化武器的防护服装材料。现在，人们使用活性碳纤织物作为新型阻隔层，取代了传统的阻隔性泡沫、球状物或粒子，用于应对核、化学武器等威胁。其制作原理是，将布用含氯化物的化学物质处理后，送入含二氧化碳的炉腔内，加热至800℃，使布碳化，并具有活性，能吸附异味，使之成为活性碳化纤维材料。防毒口罩和面具、防化兵的防尘服以及化工、医务人员的防护服等均可使用活性碳纤维制作，这种材料还可制成保健内裤及防臭鞋垫。

③防热辐射服装材料。金属镀膜布是指利用蒸着法在高温负压

下将金属（如铝）镀在化纤或真丝布上，再经涂敷保护层整理而成。由于金属镀膜特有的光泽，具有镜面效应，对可见光线近红外线具有较强的反射作用。因此，用金属镀膜和中层夹用耐高温树脂与隔热材料制成的服装，可供在室外的热辐射环境或高温环境作业中的作业人员使用，既轻便又柔软，且不感到热，也不会灼伤皮肤。这种金属镀膜布还可以制成新潮的"太空时装"。

④耐热阻燃服装材料。

a. 用凯夫拉纤维和碳素纤维混纺制成的防护服。凯夫拉（聚对苯二甲酰对苯二胺纤维）具有高强度，比钢丝强度高5~6倍，并能耐高温、防腐蚀。碳素纤维体积质量小（$1.6 \sim 1.8g/cm^3$）、重量轻、热膨胀系数小（绝氧情况可耐2000℃高温，而热膨胀系数几乎为零）、耐高温、耐磨、耐蚀、导电。碳纤维与凯夫拉纤维一同制成复合材料，起着钢筋的作用。人们穿着后能在短时间内进入火焰，对人体有保护作用，并有一定的防化学品性，现已广泛应用于防护服、机械、航空航天、鱼竿及网球拍等。

b. PBI纤维与凯夫拉纤维混纺制成的防护服装。PBI纤维有很好的绝缘性、阻燃性、化学稳定性和热稳定性。PBI纤维的吸湿性比棉花更好，能满足生理舒适要求。PBI纤维与凯夫拉纤维混纺织物耐高温、耐火焰，在温度450℃时仍不燃烧、不熔化，并保持一定的强度。可作为宇航服、消防工作服的优选材料。

c. 耐高温阻燃防护服是由德国推出的防护服，以三聚氰胺为主要成分，该防护面料可在220℃高温下长时间连续使用，且在火焰中不熔融，并有很好的化学稳定性和可染性。该耐高温阻燃防护服主要适用于炼钢炉前工作服、石油钻井平台上的灭火服及电焊手套等。

⑤防蚊虫服装材料。国外的防蚊虫制服材料是在特定药业中浸泡处理过，或者在其表面覆盖着二氯苯醚酯和除虫菊药膜，任何昆虫一落到衣服表面会被立即消灭，且对人体无害。这种制服还使服用者的疟疾发病率大大降低。现在我国推出的经药物处理的防霉和

防蚊虫睡衣，其药物能麻痹蚊子的中枢神经，使其丧失叮咬人的能力，并且该药剂对人体无害。

⑥安全反光服装材料。全球因交通事故而伤亡的人数呈上升趋势。为了减少交通事故，各国竞相开发反光或者发光的安全防护服装材料。其中有的是利用黄色而发光的涂层物质，或小玻璃片涂层物质，制成背心、帽子或路标，当灯光照射时能发出亮光，使司机注意和看见，避免交通事故，而且日夜都有显示目标的效果。还有的是在化学纤维生产过程中加入发光物质，以使服装在夜间发光，比如，夜间发磷光的安全背心、安全鞋。这种发光材料也可用于晚礼服、舞台演出服装等。

2.4.4 保健服装材料

2.4.4.1 药物和植物香料保健服装材料

药物和植物香料保健服装材料指研究人员从中药、植物香料、薄荷、蛇麻草、茶树茎、肉桂等天然原料中提取染料，并用这些染料对纤维进行处理，之后加工成内衣裤、袜子、寝具等具有抗菌、防臭、防螨虫、防霉等性能的卫生纺织服饰保健用品。

2.4.4.2 远红外线保健织物

远红外线保健织物是一种具有保温性能的材料，它能使衣服变得更轻盈、更暖和，还能起到保健的效果。其原理是在纤维中加入陶瓷粉或钛粉，使纤维产生远红外线，并深入人体深层，使体感温度升高，达到保暖和健康的目的。阳光纤维是一种远红外线纤维，它是具有吸收外界光线和热量的功能且能产生远红外线的涤纶，用这种纤维材料制成的服装对很多种病菌有抑制作用，且能促进血液循环，其手感、外观、耐洗性能、纺织加工等，均与常规涤纶基本一样。现国内已有一批获专利的具有远红外线作用的袜子、睡衣、内衣、被单等投放市场。有的国家以陶瓷粉末为远红外线做成远红外保健服装。譬如，远红外护肘、护膝，内层是陶瓷纤维，外层是弹力纤维；远红外背心，背面采用陶瓷纤维，正面采用100%的纯羊毛或混纺羊毛。穿着时体温传导到陶瓷纤维上，经陶瓷转化而产生的大量远红外线作用于人体，起到保暖和保健作用，还可调节成100℃或30℃的远红外线保健御寒衣。

2.4.4.3　微元生化纤维

微元生化纤维是指将含有多种微量元素的无机材料，经高科技处理后使之成为一种微细粒子，然后将其加入化纤纤维中而成。微元生化纤维可以促进机体的微循环，有助于更好地帮助治疗各种病症，对一些症状有消炎作用。

2.4.4.4　其他保健服装材料

除上述保健服装材料外，还有其他的一些保健服装材料。例如，使用磁丝制成的衣物、枕头等，对风湿、高血压等疾病的辅助治疗都有良好的效果；静电离子衣物及被单，可促进和调节身体功能，促使血液pH值回复至正常水平，对睡眠有较好的疗效；以橡胶颗粒为衬里的紧身按摩服，在紧身衣的内衬上设置有许多凸起的橡胶颗粒点，这些橡胶颗粒点能够产生对肌肉的按摩效果，可以疏通经络，缓解肌肉疲劳；带有芳香的衣物面料，能起到镇定，帮助睡眠的效果；含铜等纤维的服装材料具有消炎作用，等等。

2.5　本章小结

纤维是纺织材料的基本单元，具有一定的物理、化学和生理性质的纤维才能成为纺织纤维。本章主要介绍了纺织纤维的种类及主要特点，其主要包括常见天然纤维、常见化学纤维和新型服用纤维种类及其特点，以及纤维的鉴别方法。

天然纤维指从自然界或人工养育的动植物上直接获取的纤维。常见的天然纤维有棉、麻、毛、丝等。化学纤维指以天然或人工合成的高聚物为原料，经特定的加工制造出来的纤维。化学纤维分再生纤维和合成纤维两大类。常见的化学纤维有黏胶纤维、大豆纤维、牛奶纤维、涤纶、锦纶和腈纶等。

新型服用材料的类型可分为新型天然纤维材料、新型化学纤维材料、功能性服用材料与保健服装材料四类。其中，新型天然纤维主要有彩色棉花、罗布麻纤维、转基因蚕丝等；新型化学纤维主要有天丝、莫代尔、竹纤维、玉米蛋白纤维、大豆蛋白纤维、异形纤维、复合纤维等；功能性服装材料主要包含智能纤维、增强舒适性的服装材料和增强舒适性的服装材料；保健服装材料主要包含药物和植物香料保健服装材料、远红外线保健织物、生化纤维和其他保健服装材料。

纤维的鉴别方法主要包括显微镜观察法、手感目测法、燃烧法，以及着色法、溶解法、熔点法、红外光谱法等。

3　织物织造技术

3.1 织物分类

织物是最常见的纤维制品类服装材料，通常可以按加工方法、染整方法等方法分类。

织物按加工方法分类，可以分为三种，具体如下。

1. 机织物（梭织物）

机织物是指相互垂直排列的经纱和纬纱，在织机上按一定规律交织而成的织品（图3-1）。

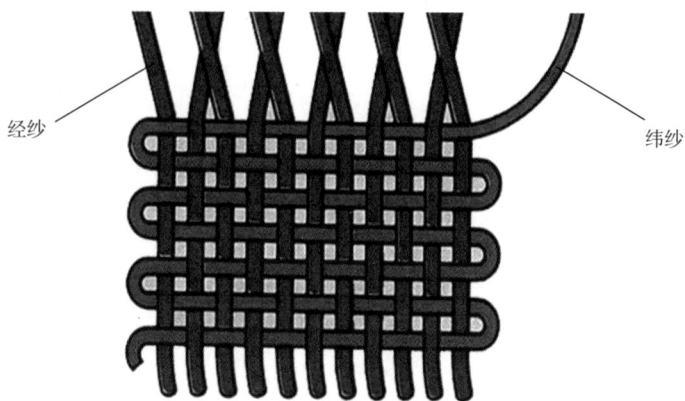

经纱

纬纱

图3-1　机织物

机织物的产量大、用途广，通常简称为织物。由于构成机织物的原料、纱线的细度和组织结构等各不相同。因此，机织物的品种丰富多彩，如棉平布、麻纱、牛仔布、华达呢、织锦缎等，都是各类机织物的典型品种。

2. 针织物

针织物是指由一根或一组纱线在针织机的织针上弯曲形成线圈，并相互串套联结而成的制品（图3-2）。

图3-2 针织物

针织物按用途可以分为针织坯布和针织成品两类。针织坯布主要用于缝制服用纺织品，如针织内衣、外衣等。针织成品则是在针织机上直接制成成品，如袜类、手套、羊毛衫等。

3. 非织造布

非织造布是指不需要通过传统的纺纱和织造工艺，直接由纤维铺织成网，再经机械或化学加工（连缀）制成的片状物。非织造布也称无纺布、不织布等。由于其生产流程短、产量高、成本低、使用范围广，所以发展十分迅速（图3-3）。

图3-3 非织造布

4. 机织物与针织物的特点

①机织物。结构稳定、布面平整、花色品种多、耐洗；但是伸缩性、柔软性、透气性和防皱性不如针织物。

②针织物。伸缩性好、柔软性好、多孔透气、防皱性能好、成形性好；但是容易脱散、易卷边、勾丝、尺寸稳定性差。

3.2 机织物

3.2.1 机织物的形成

机织物是通过经纬纱在织机上相互交织而形成的织物。机织物形成示意图如图3-4所示。沿织机纵向配置的数千根经纱从织轴上退解下来，绕过后梁，经过停经片、综丝眼和钢筘的筘齿间隙，在织口处与纬纱交织，形成的织物绕过胸梁、刺毛辊和导布辊卷绕于卷布辊上。

在形成织物时，综框由开口机构控制做上下交替运动，使一部分经纱提升，另一部分经纱不提升，形成梭口，纬纱由引纬机构控制引入梭口，通过打纬机构由钢筘将纬纱推向织口完成经纬纱交织（图3-5）。

织物织造通过开口、引纬、打纬、卷取和送经"五大运动"协调配合，不断循环，完成整个织造过程。

织造"五大运动"的原理及过程：综框按一定规律升降，带动经纱分成上、下两层，形成沿织机横向的菱形通道，成为梭口。形成梭口的过程称为"开口"。引纬器从梭口中通过，并引入纬纱，这个过程叫作引纬。沿织机方向前后摆动的钢筘将引入的纬纱推向织机前方，这个过程叫打纬。在打纬过程中，梭口的上下层经纱交换位置，与纬纱相互弯曲变形抱合，实现经纬交织并形成新的梭口。

开口、引纬、打纬过程不断地循环，便形成了连续的织物。织好的织物需要及时引离工作区域并卷绕在卷布辊上，这个过程称为卷曲。同时，织轴也要不断地及时退解经纱，这个过程称为送经。

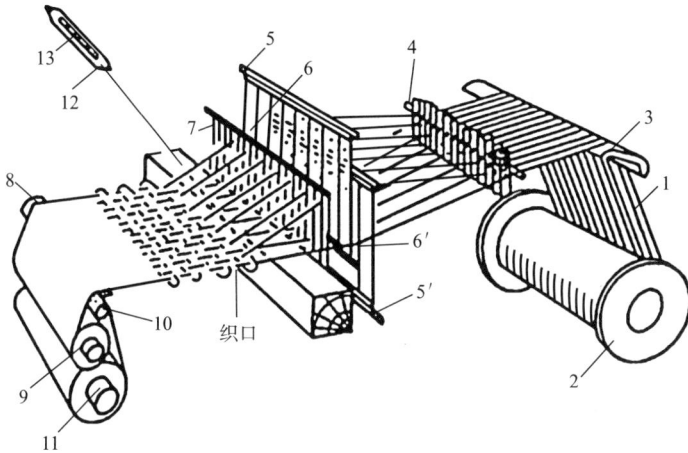

图3-4 机织物形成示意图

1—经纱 2—织轴 3—后梁 4—停经片 5、5′—综框 6、6′—综丝眼
7—钢筘 8—胸梁 9—刺毛辊 10—导布辊 11—卷布辊 12—梭子 13—纤子

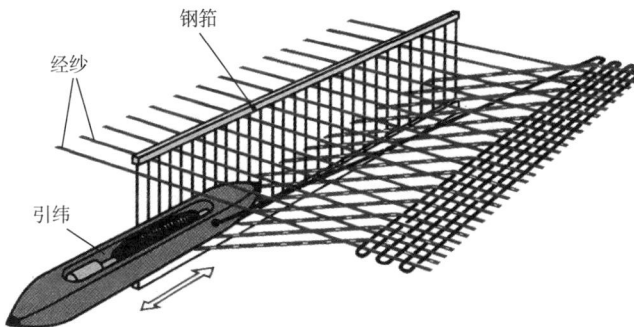

图3-5 引纬示意图

3.2.2　机织物组织

3.2.2.1　织物组织的基本概念

织物组织对面料的性能影响很大，比如会影响面料结构、风格特征、光泽特性、柔软变形能力等。即使使用相同的纤维原料，织物中纱线的紧密度也相同，但织物组织的变化，也会使织物的外观、手感、物理机械性能以及服用发生明显变化。

织物组织参数主要有经纱和纬纱、组织点、组织循环、组织点飞数等。

（1）经纱和纬纱

与布边平行，沿纵向排列的纱线称为机织物的经纱；与布边垂直，沿横向排列的纱线称为机织物的纬纱（图3-6）。

（2）织物组织

在织物中经纱和纬纱相互交错或彼此沉浮的规律叫作织物组织。

图3-7为织物交织示意图。图中所示的织物的组织为二上一下右斜纹，即经纱与纬纱的交织方式为二上一下，而纬纱与经纱的交织方式为二下一上。

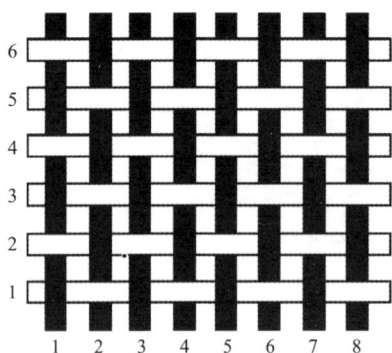

图3-6　织物经、纬纱排列示意图

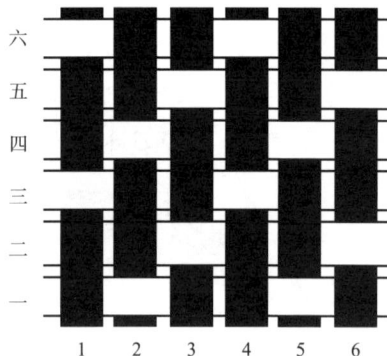

图3-7　织物交织示意图

（3）组织点

织物组织点，又称浮点，指经纬纱相互交织重叠之处（图3-8）。如果经纱浮在纬纱上，重叠处称为经组织点（又称经浮点）；如果纬纱浮在经纱上，重叠处称为纬组织点（又称纬浮点）。

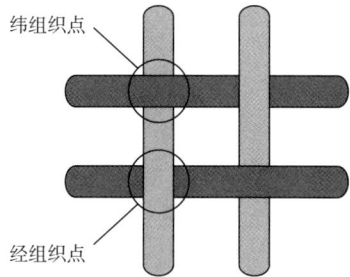

图3-8　经组织点、纬组织点

（4）组织循环

织物中，当经组织点和纬组织点浮沉规律达到循环时，称为一个组织循环。如图3-6所示，经纱1、经纱2和纬纱1、纬纱2构成一个组织循环，如图3-7所示，经纱1、经纱2、经纱3和纬纱1、纬纱2、纬纱3构成一个组织循环。

一个组织循环可以表示整个织物组织，比如，图3-6表示织物的组织为平纹组织，图3-7表示织物的组织为斜纹组织。在一个组织循环中，有两个重要的参数，即组织循环经纱数（R_j）和组织循环纬纱数（R_w）。其中，R_j指构成一个组织循环所需要的最少经纱根数；R_w指构成一个组织循环所需要的最少纬纱根数。组织循环纱线数多少决定了组织循环的大小，同时也决定织造的开口机构是采用多臂机还是提花机。组织循环数对织物的结构有很大影响。

（5）同面组织

同面组织指一个组织循环中，经组织点（经浮点）数与纬组织点（纬浮点）数相等。如果经组织点多于纬组织点，称为经面组织。反之，如果纬组织点多于经组织点，称为纬面组织。

3.2.2.2　织物组织的表示方法

（1）组织图表示法

织物组织中经纱和纬纱交织沉浮的规律用组织图来表示，图3-9为平纹织物的组织图和结构图对应关系。

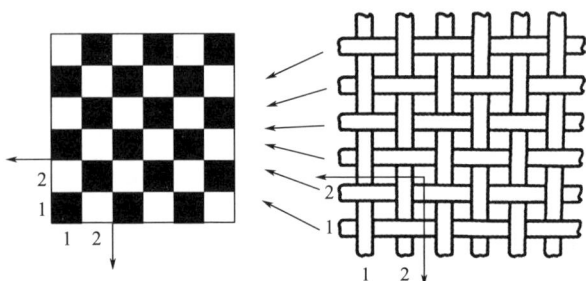

图3-9 平纹织物组织图和结构图对应关系

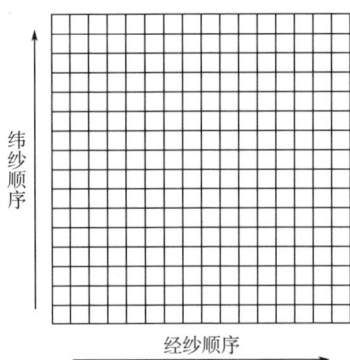

图3-10 意匠纸

织物组织图大多采用方格表示法，即意匠纸表示法。意匠纸指用来描绘织物组织的带有格子的纸，其纵行格子代表经纱，横行格子代表纬纱（图3-10）。

在组织图中，一纵格代表1根经纱，一横格代表1根纬纱，每个格子代表1个组织点（浮点）。当组织点为经组织点时，应在格子内填满颜色或标以其他符号，常用的符号有■、⊠、▢、◍等。当组织点为纬组织点时，即为空白格子"□"（图3-11）。

图3-12（a）、图3-12（b）分别是图3-6、图3-7的组织图，图中箭矢A和B标出了一个组织循环。在图3-6中，$R_j=R_w=2$，在图3-13中，$R_j=R_w=3$。在绘制组织循环图时，一般都以第1根经纱和第1根纬纱的相交处作为组织循环的起始点，纵行格子数表示组

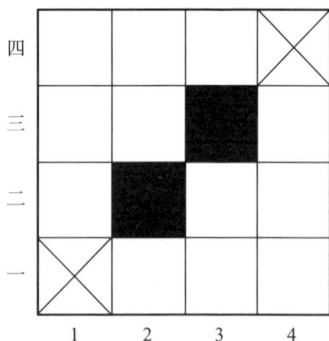

图3-11 组织图

织循环经纱数，用"R_j"表示，顺序为从左至右；横行格子数表示组织循环纬纱数，用"R_w"表示，顺序为从下至上。

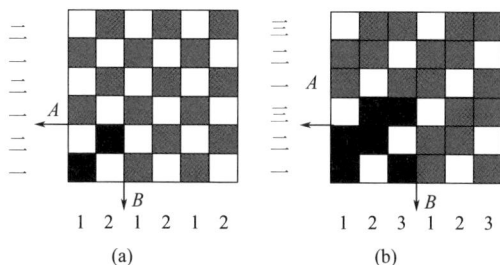

图3-12　组织图示意图

在绘制组织图时应注意以下问题：

①先用方框画出组织图的范围。

②标出经纬纱序号。

③画出经、纬组织点。

通常情况下，组织图用一个组织循环或者组织循环的整数倍来表示。

（2）分式表示法

这种方法适用于比较简单组织的织物，分子表示每根经纱上的经组织点数，分母表示每根经纱上的纬组织点数，即"$\dfrac{经组织点数}{纬组织点数}+$组织名称"，但缎纹组织除外。例如，图3-12中的（a）（b）组织分别表示为$\dfrac{1}{1}$平纹组织和$\dfrac{2}{1}$右斜纹组织。

（3）织物的纵横截面示意图

织物截面示意图能直观地展示织物内部纱线的交织状态和反映织物内部的空间结构，对于分析结构复杂的织物而言，截面示意图尤为重要。

横截面示意图一般置于组织图的上方或下方，纵截面示意图一般置于组织图的侧面。图3-13（a）和图3-13（b）中，横截面示意图位于组织图的上方，纵截面示意图位于组织图右侧。图3-13（a）中的截面示意图展示了织物中某根纬纱在从左至右方向上，一下一上交织的规律，纵截面展示了某根经纱在从下至上方向上，一上一下交织的规律。图3-13（b）中的截面示意图展示了织物中某根纬纱在从左至右方向上，一下一上一下交织的规律，纵截面展示了某根经纱在从下至上方向上，二上一下交织的规律。

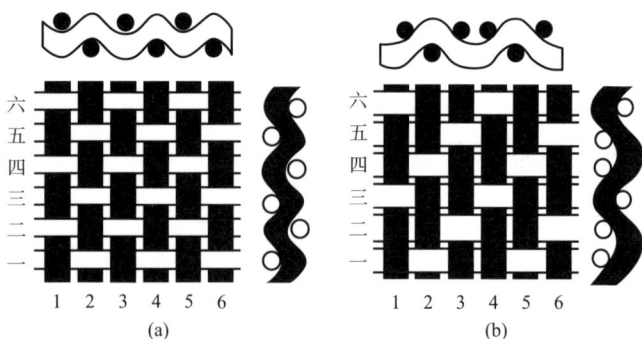

图3-13 织物纵横截面示意图

（4）组织点飞数

组织点飞数描述的是同一个系统中相邻两根纱线相应组织点之间相隔的纱线根数，用"S"表示。飞数表示相应的经（或纬）组织点在纬纱（或经纱）上的序数差。组织点飞数分经向飞数和纬向飞数，分别用"S_j"和"S_w"表示。经向飞数（S_j）指沿经纱方向，相邻两根经纱上相应的经组织点之间相隔的纬纱数；纬向飞数（S_w）指沿纬纱方向，相邻两根纬纱上相应的纬组织点之间相隔的经纱数。图3-14为飞数示意图。图中，相邻两根经纱上，经组织点B对于相应的经组织点A的飞数为3，表示为$S_j=3$；同理，相邻两根纬纱上，经组织点C对于相应的经组织点A的飞数为2，表示为$S_w=2$。在织物组织分析过程中，如果没有特别说明，默认为纬向飞数（S_w）。

织物组织点飞数S既可以是常数，也可以是变数，同时有符号"+"号或"-"号。其中，经向飞数S_j以向上数为正，记符号为"+"，向下数为负，记符号"-"。纬向飞数S_w以向右数为正，记符号"+"，向左数为负，记符号"-"（图3-15）。

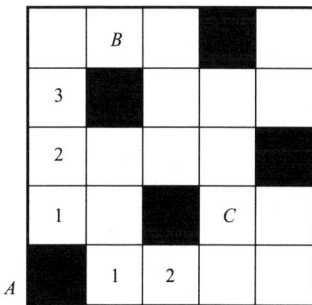

图3-14 飞数示意图

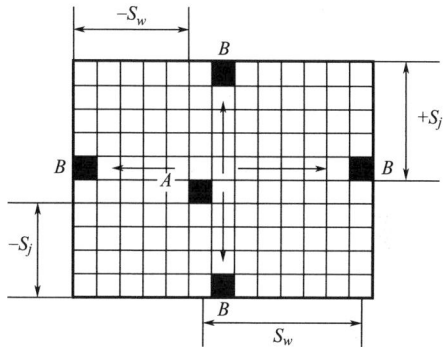

图3-15 飞数正负号示意图

3.2.2.3 三原组织

原组织是机织物组织中最简单、最基本的组织，即不能再分割的组织，其他组织都是在原组织的基础上变化发展而得到的。原组织包括平纹组织、斜纹组织和缎纹组织三类，统称为"三原组织"。

三原组织的特点：一是在一个组织循环中，完全经纱数与完全纬纱数相等，即$R_j = R_w$；二是飞数是常数；三是在一个组织循环中，同一系统的每根纱线与另一系统的纱线只交织一次。

（1）平纹组织

平纹组织是指经纱与纬纱以一上一下的规律交织的组织，平纹组织是机织物组织中最简单的一种。

①平纹的组织参数。$R_j = R_w = 2$，$S_j = S_w = 1$。

②平纹的表示方法。用分式$\dfrac{1}{1}$表示，分子表示经组织点，分

母表示纬组织点。平纹组织图如图3-16所示，交织模拟图如图3-17所示。

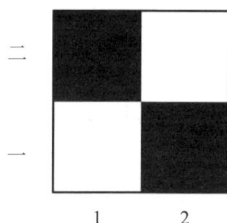

图3-16　平纹组织图　　　　图3-17　交织模拟图

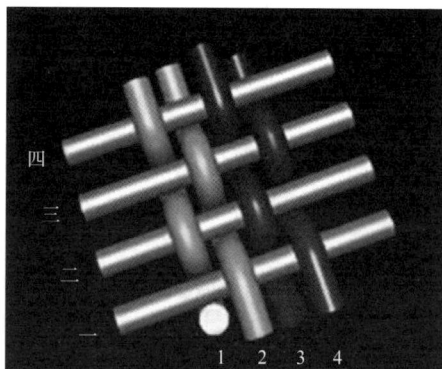

③平纹组织及平纹织物的特点。平纹组织又称同面组织，正反面有相同的外观。平纹组织由经纱和纬纱一上一下相间交织而成。经纬纱之间由于每间隔一根纱线就交织一次，所以交织点多，纱线屈曲点也多。平纹组织织物表面平整，质地坚牢，耐磨硬挺。

④平纹组织的应用。平纹组织广泛应用于棉、毛、丝、麻织物以及化纤织物中，如各种平布、纺类、府绸、泡泡纱、乔其纱、凡立丁、派力司、法兰绒等。

（2）斜纹组织

斜纹组织指经纱（或纬纱）连续地浮在两根或两根以上纬纱（或经纱）上面，浮线在织物表面呈现连续斜线织纹的织物组织。

①斜纹的组织参数。构成斜纹的组织循环至少要有3根经纱与纬纱，因此，$R_j = R_w \geq 3$。

②斜纹组织表示方法。用分式表示，分子表示经组织点，分母表示纬组织点。因为斜纹组织分为左斜纹和右斜纹，所以用箭头表示斜纹的方向。其中，由左下方指向右上方的斜纹组织为右斜纹，

用"↗"表示；由右下方指向左上方的斜纹组织为左斜纹，用"↖"表示。图3-18、图3-19分别表示$\frac{3}{1}$↗斜纹组织图和其交织模拟图；图3-20、图3-21分别表示$\frac{1}{3}$↖斜纹组织图和其交织模拟图。

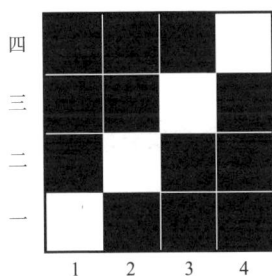

图3-18 $\frac{3}{1}$↗组织图

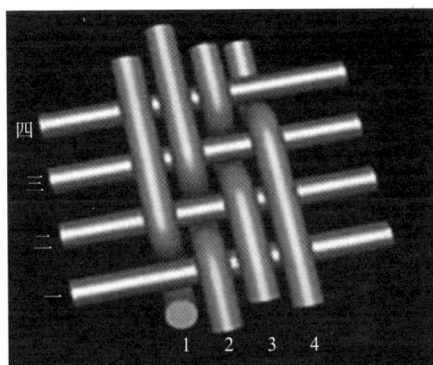

图3-19 $\frac{3}{1}$↗交织模拟图

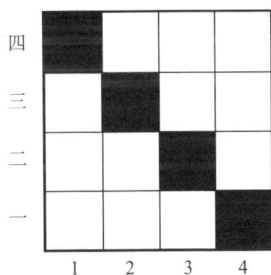

图3-20 $\frac{1}{3}$↖组织图

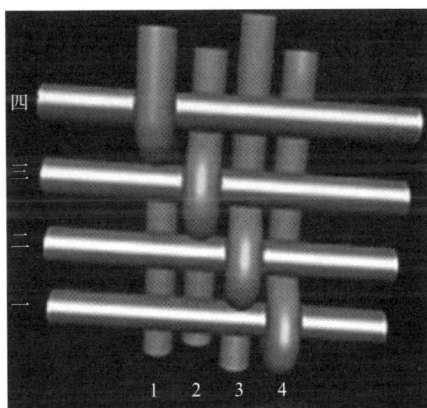

图3-21 $\frac{1}{3}$↖交织模拟图

③斜纹组织及斜纹织物特点。织物表面有明显的斜向纹路，交织点较平纹少，故斜纹织物手感比较柔软，光泽比平纹好，而且织

物密度较大，身骨较厚实，但斜纹织物的耐磨性与坚牢度不如平纹织物。

④斜纹组织的应用也十分广泛。如棉织物中的斜纹布、纱卡、卡其、哔叽、华达呢，毛织物中的哔叽、华达呢、啥味呢，丝织物中的斜纹绸、绫类、羽纱、美丽绸等。

（3）缎纹组织

缎纹组织是指经纬纱每间隔四根或四根以上的纱线才相互交错一次，组织点单独均匀地分布，不相互连接的织物组织。缎纹是原组织中最复杂的一种组织。

①缎纹的组织参数。构成缎纹组织的循环至少要有5根。经纱与纬纱 $R \geq 5$（6除外）。$1 < S < (R-1)$，S 与 R 互为质数。

②缎纹组织表示方法。缎纹也可以用分式表示，其中，分子表示在一个循环组织中的完全纱线数，分母表示组织点飞数，缎纹通常表示为几枚几飞。例如，$\frac{5}{2}$ 表示五枚二飞缎纹。缎纹有经面缎纹和纬面缎纹两种，经面缎纹织物正面主要为经组织点，即由经纱构成的缎纹。纬面缎纹织物正面主要为纬组织点，即由纬纱构成的缎纹。

③常用的缎纹有五枚缎、八枚缎、十二枚缎、十六枚缎、二十四枚缎等。图3-22、图3-23分别为五枚二飞经面缎纹组织图和其交织模拟图；图3-24、图3-25分别为五枚二飞纬面缎纹组织图和其交织模拟图。

④缎纹组织及缎纹织物特点。交织点最少、浮线长、手感柔软、表面平滑光亮坚牢度差、易起毛。

⑤缎纹组织应用。缎纹组织在棉织物中有贡缎，毛织物中有贡呢、贡丝锦、驼丝锦等；丝织物中有软缎、素绉缎、织锦缎、古香缎等。

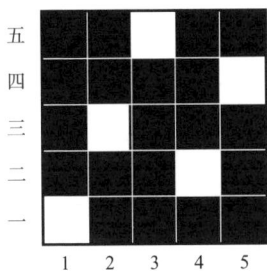

图3-22　五枚二飞经面
缎纹组织图

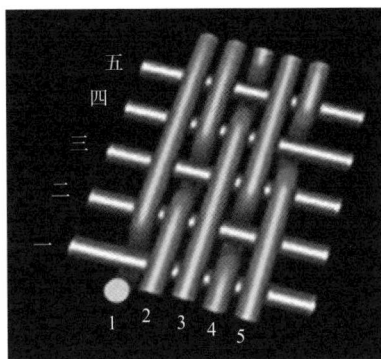

图3-23　五枚二飞经面缎纹交织
模拟图

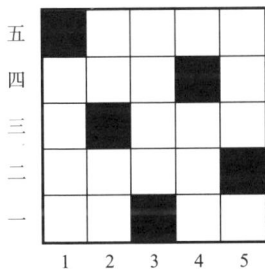

图3-24　五枚二飞纬面
缎纹组织图

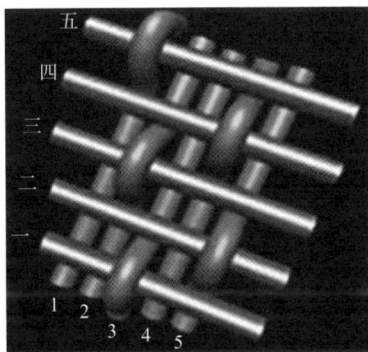

图3-25　五枚二飞纬面缎纹交织
模拟图

3.2.3　变化组织

变化组织指对原组织的循环数、浮长或飞数等因素中的一个或多个进行改变，从而在原组织基础上变化产生的组织，主要有平纹变化组织、斜纹变化组织和缎纹变化组织，等等。

3.2.3.1 平纹变化组织

平纹变化组织是在平纹的基础上，通过延长组织点而形成的组织。其中，沿经纱方向或纬纱方向延长组织点，形成重平组织；沿经纱、纬纱两个方向同时延长组织点，形成方平组织。

（1）重平组织

重平组织以平纹为基础，沿经纱或纬纱方向延长组织点而形成，有经重平和纬重平两种。经重平以平纹为基础，沿经纱方向延长组织点而形成［图3-26（a）］；纬重平以平纹为基础，沿纬纱方向延长组织点而形成［图3-26（b）］。

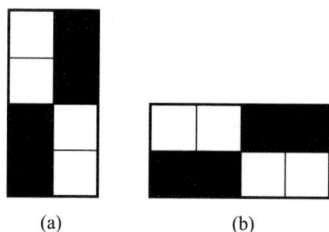

图3-26　重平组织

①表示方法。

a. 经重平：分子表示第一根经纱上的经组织点数，分母表示第一根经纱上的纬组织点数。图3-26（a）所示组织的分式表示 $\frac{2}{2}$ 经重平，称作二上二下经重平。

经重平组织参数为：

$$R_j=2，R_w=分子+分母，F\leqslant5$$

b. 纬重平：分子表示第一根纬纱上的经组织点数，分母表示第一根纬纱上的纬组织点数。图3-26（b）所示组织的分式表示 $\frac{2}{2}$ 纬重平，称作二上二下纬重平。

纬重平组织参数为：

$$R_w=2，R_j=分子+分母，F\leqslant5$$

②外观特点。

a. 经重平：织物表面呈现横凸条。为使横凸条效果明显，可采用较细经纱、较大经密和较粗纬纱、较小纬密。

b. 纬重平：织物表面呈现纵凸条。为使纵凸条效果明显，可采用较粗经纱、较小经密和较细纬纱、较大纬密。

③应用。重平组织除用于服用和装饰织物外，也常用作织物的边组织及毛巾织物的基础组织。比如，麻纱织物通常采用 $\frac{1}{2}$ 经重平、$\frac{1}{3}$ 变化纬重平；边组织通常采用 $\frac{2}{2}$ 经重平、$\frac{2}{2}$ 纬重平；毛巾织物的地组织通常采用 $\frac{2}{2}$ 经重平、$\frac{2}{1}$ 变化经重平。

（2）方平组织

方平组织以平纹为基础，沿经、纬两个方向延长组织点而形成。

①表示方法。分子表示每根纱线上的经组织点数，分母表示每根纱线上的纬组织点数。图3-27（a）所示组织的分式表示为 $\frac{2}{2}$ 方平，称作二上二下方平；图3-27（b）所示组织的分式表示为 $\frac{2\ 3}{1\ 1}$ 变化方平，称作二上一下三上一下变化方平。

方平组织的组织参数为 $R_j = R_w =$ 分子+分母 ≥ 4。

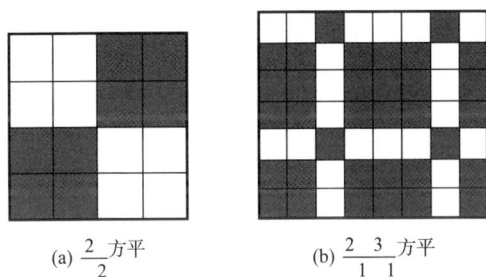

(a) $\frac{2}{2}$ 方平　　　　(b) $\frac{2\ 3}{1\ 1}$ 方平

图3-27　方平组织

②外观特点。方平组织织物表面呈现小方块效应。变化方平组织因经、纬浮长线变化而使光线反射不同，因而织物表面呈现大小不等的隐格效应。

③应用。$\frac{2}{2}$ 平组织常用作各种织物的边组织，采用变化方平组织的棉、麻织物则常用作家具与装饰用料，毛织物有女式呢、花

呢等。

3.2.3.2　斜纹变化组织及织物

斜纹变化组织以原组织斜纹为基础，通过延长组织点、改变飞数的大小和方向、增加斜纹条数等方法而形成。常见斜纹变化组织包括加强斜纹、复合斜纹、角度斜纹、山形斜纹、破斜纹、菱形斜纹等。

（1）加强斜纹

加强斜纹是在原组织斜纹的单个组织点旁边，沿一个方向（经向或纬向）延长组织点而形成，其组织中没有单个组织点存在。加强斜纹是斜纹变化组织中最简单的一种。

①表示方法。$\dfrac{\text{每根经纱上的经组织点数}}{\text{每根经纱上的纬组织点数}}+\text{斜向}$。图3-28（a）所示组织分式表示为$\dfrac{2}{2}\nearrow$，称作二上二下右斜纹。图3-28（b）所示组织分式表示为$\dfrac{2}{2}\nwarrow$，称作二上二下左斜纹。图3-28（c）所示组织分式表示为$\dfrac{3}{2}\nearrow$，称作三上二下右斜纹。图3-28（d）所示组织分式表示为$\dfrac{3}{2}\nearrow$，称作二上三下右斜纹。

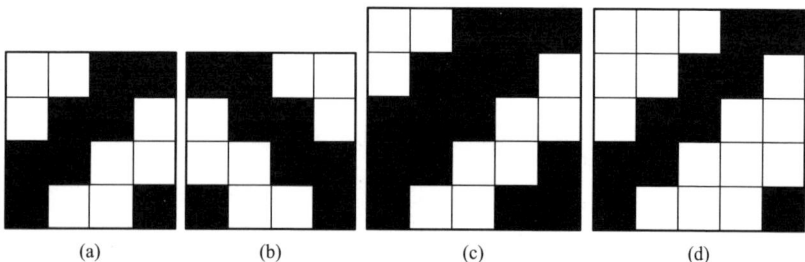

| (a) | (b) | (c) | (d) |

图3-28　加强斜纹组织图

由于加强斜纹中没有单独的组织点，故分式中分子和分母均不可能为1。

加强斜纹的组织参数为$R_j=R_w=$分子+分母$\geqslant 4$，$S=\pm 1$。

②分类。

a. 经面加强斜纹：织物正面的经组织点占优势，其组织分式表示方法中，分子大于分母。最简单的经面加强斜纹为$\frac{3}{2}$斜纹［图3-28（c）］。

b. 纬面加强斜纹：织物正面的纬组织点占优势，其组织分式表示方法中，分子小于分母。最简单的纬面加强斜纹为$\frac{2}{3}$斜纹［图3-28（d）］。

c. 同面加强斜纹：织物正面的经、纬组织点数相等，其组织分式表示方法中，分子等于分母。最简单的同面加强斜纹为$\frac{2}{2}$斜纹［图3-28（a）、图3-28（b）］。

③应用。加强斜纹组织中，$\frac{2}{2}$加强斜纹是最简单的也是应用最广泛的加强斜纹组织，其浮长适中，织物紧度较平纹大，布身紧密厚实，广泛应用于棉、毛、丝的中厚型织物生产中。比如，棉织物中有哔叽、华达呢、卡其等；毛织物中有华达呢（毛型）、啥味呢、麦尔登、海军呢等；丝织物中有斜纹绸等。

（2）复合斜纹

复合斜纹是指在一个组织循环中，由两条或两条以上不同粗细的斜纹线组成的斜纹组织。

①表示方法。

$\frac{每根经纱上的经组织点数}{每根经纱纱上的纬组织点}$+斜向。图3-29所示组织的分式表示为$\frac{1\quad3}{1\quad3}\nearrow$，称作一上一下三上三下右斜纹。

复合斜纹组织参数为$R_j=R_w=$分子+分

图3-29 复合斜纹组织图

母≥5，$S=\pm1$。

②分类。

a. 经面复合斜纹：织物正面的经组织点占优势，其组织分式表示方法中，分子大于分母，如图3-30（a）所示的 $\dfrac{5\ 1\ 1}{1\ 2\ 1}\nearrow$ 复合斜纹。

b. 纬面复合斜纹：织物正面的纬组织点占优势，其组织分式表示方法中，分子小于分母，如图3-30（b）所示的 $\dfrac{1\ 2}{3\ 2}\nearrow$ 复合斜纹。

c. 同面复合斜纹：织物正面的经、纬组织点数相等，其组织分式表示方法中，分子等于分母，如图3-29所示的 $\dfrac{1\ 3}{1\ 3}\nearrow$ 复合斜纹。

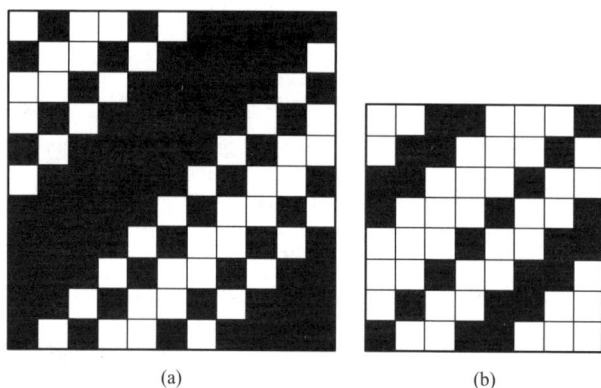

图3-30　经纬面复合斜纹组织图

③应用。复合斜纹常用于其他组织的基础组织，典型品种有彩格花呢、粗花呢、线呢等。

（3）角度斜纹

①表示方法。在斜纹组织中，当经纬密度相同（即 $P_j=P_w$）且经

向飞数S_j与纬向飞数S_w均为±1时，在意匠纸表示的组织图上，其斜纹线与水平线的夹角（称为倾斜角）$\theta=45°$，图3-31（a）所示。当经纬密度不同时，斜纹线的倾斜角不再等于45°（如哔叽、卡其），若$P_j>P_w$，则$\theta>45°$，图3-31（b）所示；若$P_j<P_w$，则$\theta<45°$，图3-31（c）所示。

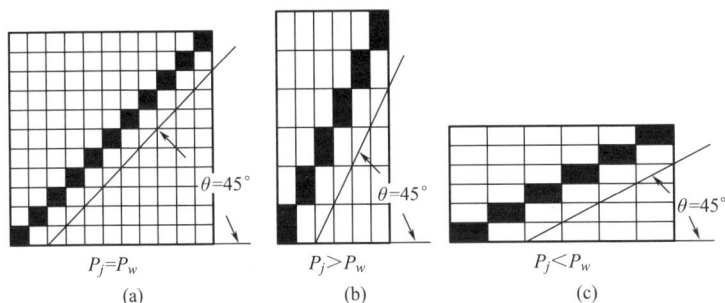

| (a) | (b) | (c) |

图3-31　经纬密度与斜纹倾斜角

由图3-31可知$\tan\theta=\dfrac{P_j}{P_w}$，也就是说，要改变织物表面斜纹线的倾斜角，可以通过改变经纬密度来实现。

此外，还可以通过改变斜纹组织的飞数来改变斜纹线的倾斜角。在经纬密度不变的条件下，增加经向飞数，如把经向飞数S_j由1增加到2或3，可得到倾斜角大于45°的斜纹，这种斜纹称为急斜纹。图3-32中有三条急斜纹：$S_j=2$，$\theta=63°$；$S_j=3$，$\theta=72°$；$S_j=4$，$\theta=76°$。同理，增加纬向飞数，如把纬向飞数S_w由1增加到2或3，可得到倾斜角小于45°的斜纹，这种斜纹称为缓斜纹。图3-32中出现了三条

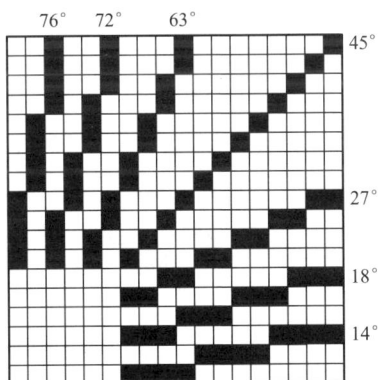

图3-32　组织飞数对斜纹倾斜角的影响

缓斜纹：$S_w=2$，$\theta=27°$；$S_w=3$，$\theta=18°$；$S_w=4$，$\theta=14°$。由此可见，斜纹倾斜角θ与经向飞数S_j成正比，与纬向飞数S_w成反比，即$\tan\theta=\dfrac{S_j}{S_w}$。

如果同时考虑经纬密度与经纬向飞数对织物表面斜纹倾斜角的影响，则有：

$$\tan\theta=\frac{P_j \cdot S_j}{P_w \cdot S_w}$$

②应用。棉、毛以及仿毛面料中普遍使用急斜纹组织。这类织物因为斜纹线的倾斜角大于45°，织物表面往往有明显而突出的斜纹纹路，经密较高，织物厚实。典型的品种有棉织物中的粗服呢、克罗丁，毛织物中的巧克丁、直贡呢、马裤呢、女式呢等。

（4）山形斜纹

山形斜纹又称人字形斜纹，指以斜纹组织为基础组织，将基础组织的经向飞数或纬向飞数的正负数在一定位置改变，使斜纹线的方向一半向右倾斜，另一半向左倾斜，在织物表面形成类似山峰形状的组织。山形斜纹分为经山形斜纹和纬山形斜纹，经山形斜纹的山峰方向与经纱方向相同（图3-33），纬山形斜纹的山峰方向与纬纱方向相同（图3-34）。

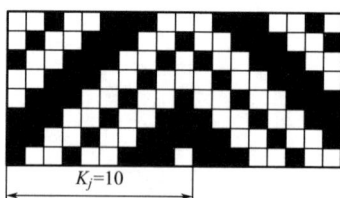

图3-33 经山形斜纹组织图　　图3-34 纬山形斜纹组织图

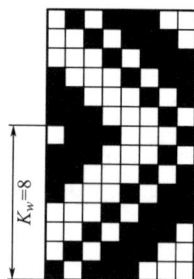

由上图可以看出，山形斜纹的特点是以形成峰顶（或谷底）的一根纱线（经山形斜纹为经纱、纬山形斜纹为纬纱）为轴线，呈两

边对称的形状，即以斜纹方向改变之前的第1根及K_j（或K_w）根纱线作为对称轴，在它的左右（或上下）位置的经纱，其组织点浮沉规律相同。

图3-33是以$\dfrac{3\quad 1}{2\quad 2}$↗斜纹为基础组织，$K_j=10$的经山形斜纹；图3-34是以$\dfrac{1\quad 3}{1\quad 3}$↗为基础组织，$K_w=8$的纬山形斜纹。

山形斜纹组织多用于棉织物、毛织物及中长纤维织物中，常见品种有人字呢、大衣呢、女式呢、花呢等。

（5）破斜纹

与山形斜纹一样，破斜纹也是由左斜纹与右斜纹构成的。破斜纹和山形斜纹的主要区别在于，左右斜纹交界处有一条明显的分界线，这条分界线被称为"断界"。断界是破斜纹组织的重要特征，在断界两侧的纱线，其经纬组织点相反，即在改变斜纹方向的位置，组织点是不连续的，从而使斜纹的斜线呈现间断状态。

破斜纹有经破斜纹与纬破斜纹之分。其中，断界与经纱平行的称为经破斜纹，见图3-35（a）；断界与纬纱平行的称为纬破斜纹，见图3-35（b）。

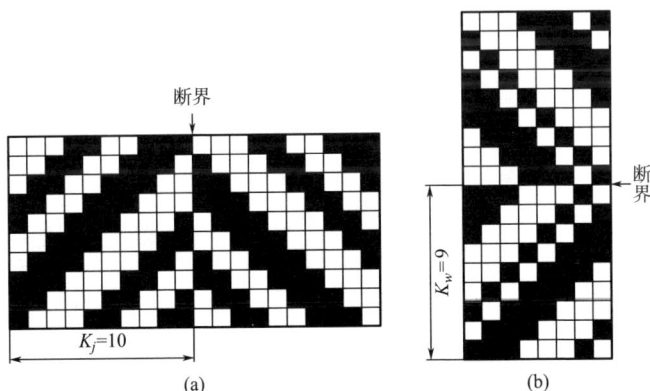

图3-35 破斜纹组织

图3-35（a）是以 $\dfrac{3\quad2}{2\quad3}$↗斜纹为基础组织，K_j=10的破斜纹；

图3-35（b）是以 $\dfrac{3\quad1}{3\quad1}$↗斜纹为基础组织，K_w=9的破斜纹。

破斜纹组织由于断界明显，织物表面可呈现清晰的人字形效应，因此，较山形斜纹的应用普遍，尤其在棉、毛织物中应用广泛，如棉织物中的线呢、床单布及毛织物中的人字呢等，也常用于制织毯类织物等。

（6）菱形斜纹

菱形斜纹是由经山形斜纹与纬山形斜纹，或经破斜纹与纬破斜纹联合，具有菱形纹样的组织。

图3-36（a）是以 $\dfrac{1}{3}$↗斜纹为基础组织，$K_j=K_w$=4菱形斜纹；

图3-36（b）是以 $\dfrac{2\quad1}{1\quad2}$↗斜纹为基础组织，K_j=8，K_w=10，按山

形斜纹构作的菱形斜纹；图3-36（c）是以 $\dfrac{2\quad1}{1\quad2}$↗为基础组织，

$K_j=K_w$=8，按破斜纹构作的菱形斜纹。

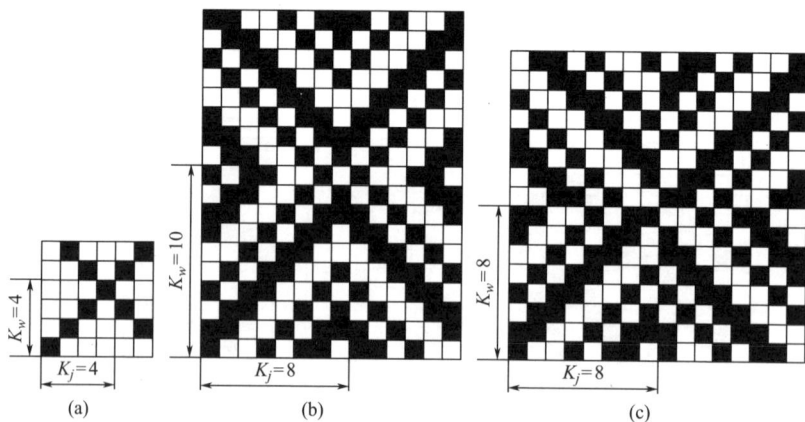

图3-36 菱形斜纹组织

　　菱形斜纹组织具有花型对称、变化多样、纹饰细致美观的特点，广泛应用于各类服装及装饰织物。棉织物有女线呢、床单布等，毛织物有各种花呢等。

3.2.3.3　缎纹变化组织及其织物

　　缎纹变化组织有加强缎纹、变则缎纹、重缎纹和阴影缎纹等，主要通过在原组织缎纹的基础上采用增加经（或纬）组织点、变化组织点飞数，或延长组织点的方法形成。

　　（1）加强缎纹

　　加强缎纹是以原组织缎纹为基础，在其单个经（纬）组织点四周添加单个或多个经（纬）组织点而形成的。

　　加强缎纹的组织循环纱线数仍等于基础缎纹的组织循环纱线数，能保持原组织缎纹的基本特性。图3-37（a）～图3-37（c）所示均

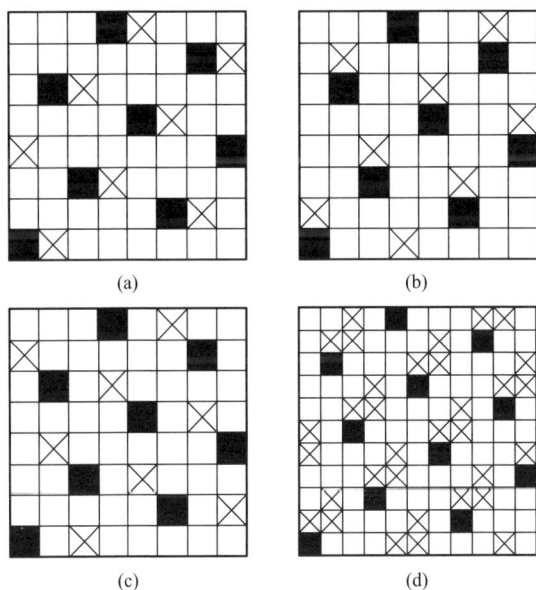

(a)　　　　　　　　　(b)

(c)　　　　　　　　　(d)

图3-37　加强缎纹组织

为八枚五飞纬面加强缎纹，其中，图3-37（a）是在原来组织的单个经组织点的右侧增加1个经组织点，图3-37（b）是在原来组织的单个经组织点的上边增加1个经组织点，图3-37（c）是在原来组织的单个经组织点的左上方增加1个经组织点。这种形式的加强缎纹一般用于刮绒织物。因增加经组织点后再刮绒，可防止纬纱移动，同时能增加织物牢度。

如上所述，加强缎纹由于增加了组织点而使纱线的交织次数增多，在提高织物牢度的同时，可使织物获得新的外观风格特点。如图3-37（d）所示，此加强缎纹是在原来十一枚七飞纬面加强缎纹组织的基础上，增加3个经组织点而构成，即在原来组织单个经组织点的右上方增加了3个经组织点。采用此组织的织物能获得正面呈斜纹而反面呈经面缎纹的外观，比如缎背华达呢、驼丝锦等，常在精纺毛织物中使用。

（2）变则缎纹

飞数在原组织缎纹中是一个常数，故原组织缎纹也称正则缎纹。如果在一个组织循环中，缎纹组织飞数是一个变数，则称变则缎纹（图3-38）。

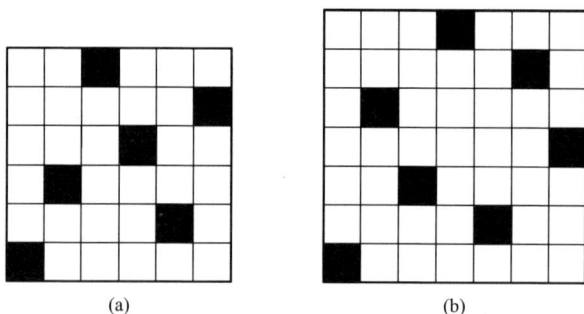

(a)　　　　　　　(b)

图3-38　变则缎纹组织

组织循环纱线数$R=6$的六枚缎纹不能构成正则缎纹。但由于设计以及织造的原因，需要采用六枚缎纹时，就必须使用飞数为变数的变则缎纹。如图3-38（a）所示，是由纬向飞数分别为4、3、2、2、3、4构成的六枚变则缎纹。

有些正则缎纹组织，无论飞数取何值，其组织点分布都不均匀，形成十分明显的斜纹纹路，比如七枚缎纹，如图3-39所示。如果采用飞数为变数的变则缎纹，则可以获得组织点分布较均匀的缎纹。如图3-38（b）所示的七枚变则缎纹，其纬向飞数分别为4、5、4、2、4、5、4。

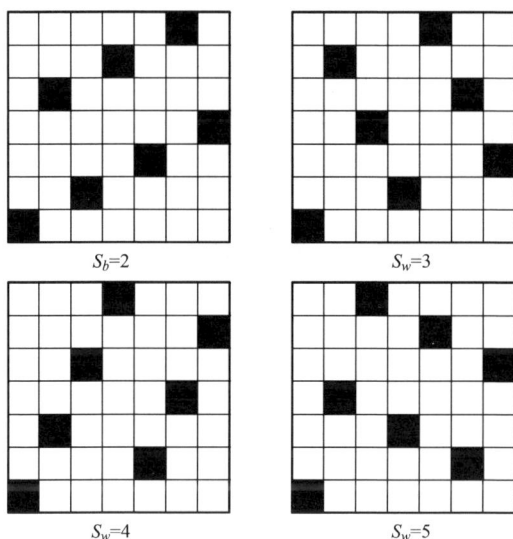

图3-39 七枚正则缎纹组织

变则缎纹在各类织物中均有应用。设计变则缎纹时，要求 $\Sigma S=nR$，$1<S<R-1$，且组织点分布尽量均匀。

（3）重缎纹

在缎纹组织中，通过延长组织点的经向（或纬向）浮长，即通过延长纬（或经）向组织循环纱线数而形成的组织，称为重缎纹。重缎纹外观与原组织缎纹相似，但由于组织循环增大，浮长线变长，织物更为松软。重缎纹通常用于粗花呢、粗纺女式呢以及手帕等织物。

图3-40（a）为五枚纬面重经缎纹，其特点是原组织缎纹中的单

独经组织点沿纬向延长，织物中出现双经现象；图3-40（b）为五枚经面重纬缎纹，其特点是原组织缎纹中的单独纬组织点沿经向延长，织物中出现双纬现象；图3-40（c）是五枚经纬向重缎纹，其特点是原组织缎纹中单独经组织点分别沿经向和纬向两个方向延长，织物中出现双经和双纬现象。

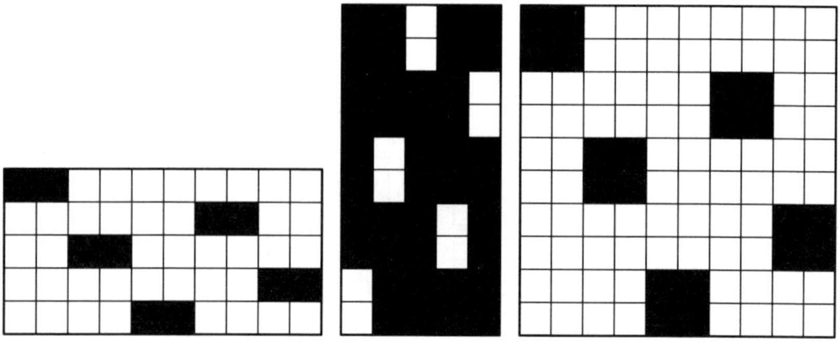

图3-40　重缎纹组织

（4）阴影缎纹

阴影缎纹和阴影斜纹类似，是由经面缎纹逐渐过渡到纬面缎纹或由纬面缎纹逐渐过渡到经面缎纹的一种缎纹变化组织，由它构成的织物外观呈现出由明到暗或由暗到明的光影效果。

图3-41是以 $\frac{5}{2}$ 为基础组织构成的经向阴影缎纹。绘制阴影缎纹的方法与阴影斜纹相同。五枚缎纹的过渡数 $n=（R_0-1）\times 2=8$，$R_j=R_0\times n=5\times 8=40$，$R_w=R_0=5$，$R_0$ 为基础组织循环纱线数。

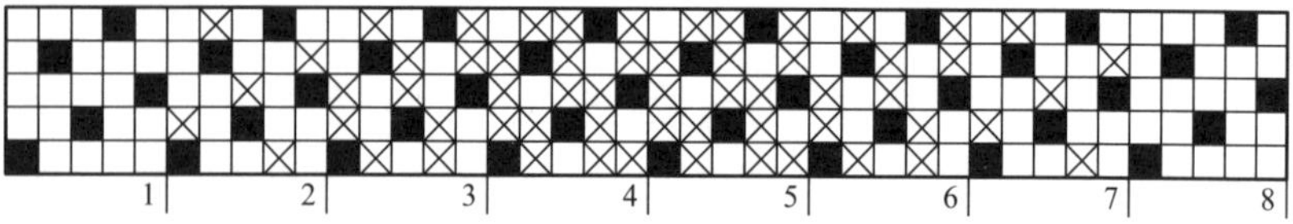

图3-41　五枚经向阴影缎纹

阴影缎纹在表现光影效果方面比阴影斜纹更好，常用于毛及丝织提花织物。

3.2.3.4　联合组织及织物

联合组织是由两种或两种以上的原组织或变化组织通过联合方法形成，其织物表面通常呈现几何图形或小花纹。按联合方法和外观效应的不同，联合组织主要分为条格组织、绉组织、蜂巢组织、透孔组织等。

（1）条格组织及织物

并排配置两种或两种以上组织，使织物表面呈现条纹或格子花纹的组织称为条格组织。为使条格花纹清晰，除了必须组织配置得当外，还可以使用不同原料（包括粗细、捻度、捻向、光泽等），或采用不同的色纱配合，以增强条格效应。根据条格花纹形态，条格组织可分为纵条纹组织、横条纹组织和方格组织。

①纵条纹组织。在织物表面沿横向并排配置两种或两种以上不同组织，以形成纵向条纹效应的组织，称为纵条纹组织，如图3-42所示。

纵条纹组织在棉、毛、丝织物中有广泛应用。比如，棉织物中有缎条府绸（经面缎纹组织+平纹组织），麻织物中有各种变化的麻纱，毛织物中有各种女式呢、花呢，丝织物中有四维呢（平纹组织+破斜纹组织）、缎条青年纺（纬面缎纹组织+平纹组织）和涤爽绸等。

②横条纹组织。在织物表面沿纵向并排配置两种或两种以上组织，使织物表面呈现横向条纹效应，称为横条纹组织。横条纹组织一般较少单独应用，其组织图绘制方法类似于纵条纹组织，区别是将不同的组织进行上下配置。

横条纹组织中的经纱循环数为各基础组织的经纱循环数的最小公倍数，纬纱循环数为纬密与各条纹宽度乘积之和，再按基础组织的纬纱循环数的倍数加以修正。

③方格组织。由两种组织（经面组织和纬面组织）沿经纬向呈

(a)

(b)

(c)

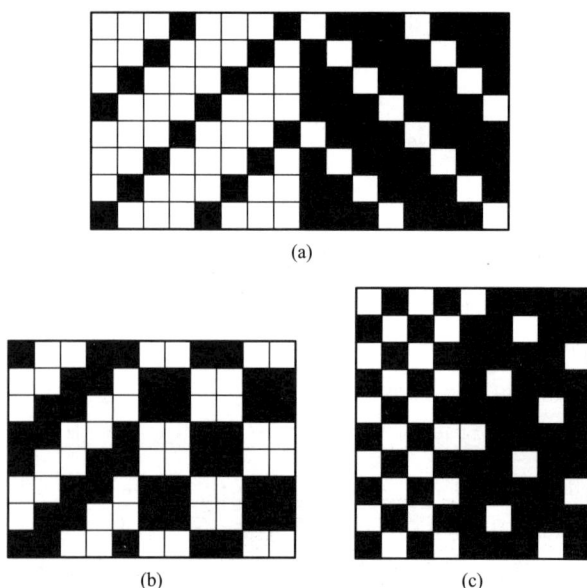

图3-42　纵条纹组织图

格型间跳配置，在织物表面呈现方格效应的组织。基础方格组织呈正方形，并可将一个完整组织划分成田字形的四等分，如图3-43（a）、图3-43（b）所示，也有如图3-43（c）所示的方格组织不呈正方形，划分的四个部分不相等。

　　方格组织织物表面呈现方格效应，由于组织的交织规律不同，织物外观呈现的效果也不尽相同。方格组织广泛应用于头巾、手帕、被单和桌布等。

　　（2）绉组织及织物

　　织物组织中，不同长度的经纬浮点在纵、横方向错综排列，使织物表面具有分散的、规律不明显的、微微凹凸的细小颗粒，呈现绉效应，这类组织称为绉组织，或称为呢地组织。绉组织产生绉效应的形成原理是：在一个组织循环内，经、纬纱的浮长长短不一，沿不同方向交错配置。浮线较长的组织点，经、纬纱之间结构较松；

(a)

(b)　　　　　　　　　　(c)

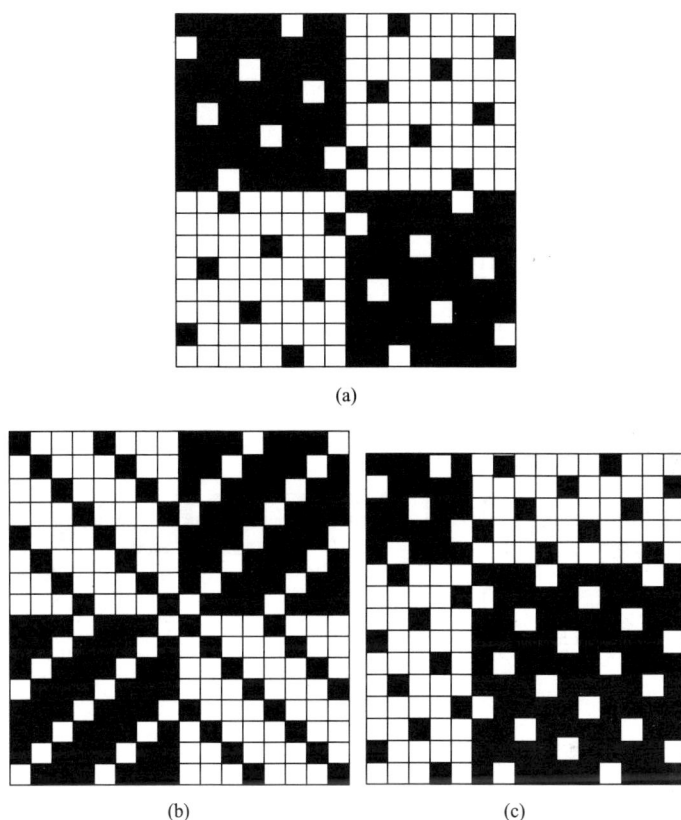

图3-43　方格组织示例

而浮线较短的组织点，经、纬纱之间结构较紧。结构较松的长浮线分布在结构较紧的短浮线之间，较松的组织点就在较紧的组织点间微微凸起，形成细小的颗粒，细小的颗粒均匀分布在织物表面，形成绉效应。

　　组织表面由于均匀分布了细小的颗粒状组织点，对光线形成漫反射，所以光泽较柔和。绉组织的组织点间有较长的长浮线，所以其织物手感松软、厚实而富有弹性。如图3-44所示，是在平纹组织的基础上，按$\frac{1}{3}$破斜纹的规律增加经组织点而构成的绉组织。

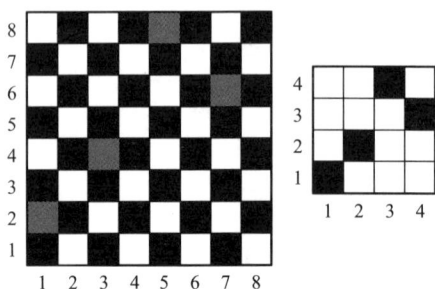

图3-44　增点法构成的绉组织

如图3-45所示的绉组织是在 $\frac{8}{3}$ 纬面加强缎纹的基础上，按 $\frac{1}{3}$ 破斜纹的规律增加经组织点而构成。

采用绉组织与加捻纱线配合形成的织物，手感柔软而富有弹性，比如棉织物中的核桃呢、丝织物中的东方绉、毛织物中的苔茸绉等。

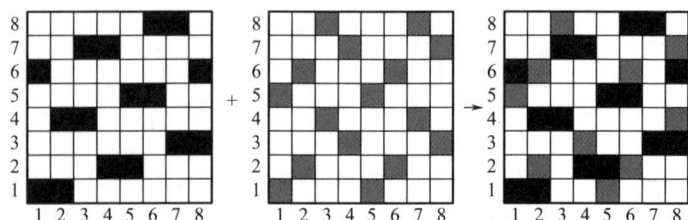

图3-45　两种组织叠加构成绉组织

（3）蜂巢组织及织物

织物表面呈现四周高、中间低的凹凸四方形、菱形，或其他几何形状且如同蜂巢状外观的组织，称为蜂巢组织（图3-46）。

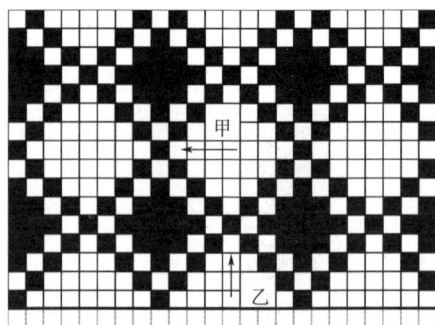

图3-46　蜂巢组织

蜂巢组织构作方法如下：

①选定基础组织。常用 $\frac{1}{4}$、$\frac{1}{5}$ 和 $\frac{1}{6}$ 纬面斜纹作为基础组织。图3-47（b）是以 $\frac{1}{4}$ 纬面斜纹为基础组织构成的简单蜂巢组织图。

②确定组织循环。计算方法与菱形斜纹相同。$R_j=2K_j-2$；$R_w=2K_w-2$；若选取 $K_j = K_w=5$；则 $R_j = 2K_j-2=2×5-2=8$；$R_w=2K_w-2=2×5-2=8$。

③在意匠纸上按经、纬纱循环数划分循环范围，然后在循环范围内填绘基础菱形斜纹，即在循环面积内贯穿两条斜向对角线。

④两条斜向对角线把整个组织分成四个部分，如图3-47（a）所示，然后在其相对的两个三角形内（上和下两部分或左和右两部分）填绘经组织点。填绘时与原来的菱形斜纹之间空一个纬组织点，如图3-47（b）所示。

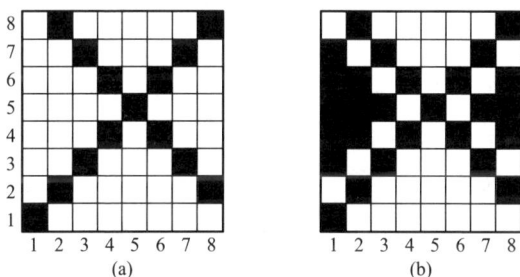

图3-47　蜂巢组织

蜂巢组织面料具有手感柔软、立体感强、吸水性好、外观美观等特点，因此常被用于制作时装或各类装饰用品，比如餐巾、丝巾、床毯等。

（4）透孔组织及织物

织物表面具有均匀分布的细小孔眼外观的组织，称为透孔组织。由于这类织物的外观与复杂组织中由经纱相互扭绞而形成孔隙的纱罗织物类似，因此又被称为假纱组织或模纱组织。图3-48（a）为透孔组织图，图3-48（b）为透孔组织织物示意图。

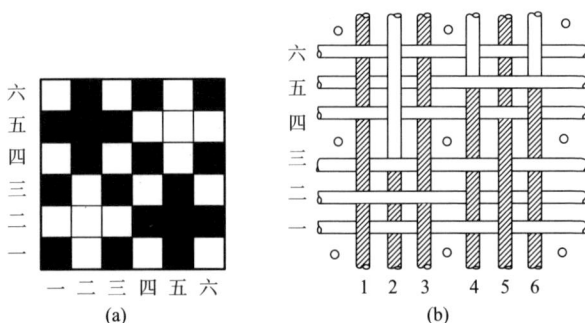

图3-48　透孔组织

透孔织物构作原则如下：

①透孔织物的密度不宜过大，否则会影响透孔效应。

②浮长越长，孔眼会越大，但一般浮长线不超过5根，否则织物过于松软，也会影响透孔效应。

③穿综时采用照图穿法，一般采用4片综即可织造。

④穿筘时将成束的经纱穿入同一个筘齿内，或每组经纱之间空一筘；纬纱可采用间歇卷取。

简单透孔组织构作方法：

①确定组织循环。组织循环通常取6、8、10和14，且完全经纱数和纬纱数相等，即$R_j = R_w$。

②将组织循环划分成田字形的四等分，每一等分的经、纬纱数常是奇数，如图3-49（a）所示。

③绘制组织点。第一步，在左下角的区域内绘制基础组织，如图3-49（a）所示，绘制的基础组织为平纹；第二步，再将基础组织中的偶数根经纱、纬纱全部改成纬（经）组织点，使连续的浮长线构成"十"字形或"田"字形。如图3-49（b）所示，区域中平纹组织的第2根经纱和第2根纬纱的组织点全部改为纬组织点；第三步，

按"底片翻转法"填绘其他三个部分,如图3-49(c)所示。图3-49(c)、图3-49(d)分别为组织循环经纬纱数$R_j=R_w=6$,$R_j=R_w=14$的透孔组织图。

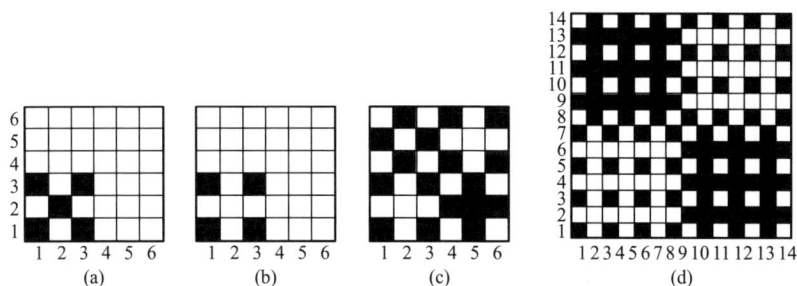

图3-49　透孔组织图

实际应用中,透孔组织经常与其他组织联合,共同制成精美的花式透孔面料。图3-48所示即与平纹组织共同组成的花式透孔组织。透孔组织由于具有多孔、轻薄、凉爽、散热透气等特点,一般可作稀薄的夏季服装用织物,比如各种网眼布和花式透孔织物等。化纤织物中运用透孔组织,不仅可以丰富织物的花纹效应,而且可以改善合成纤维织物透气性差的弊端。

3.2.4　复杂组织及织物

复杂组织是指织物经向或纬向至少有一个方向是由两个或两个以上系统的纱线组成的组织。按形成方法进行划分,复杂组织主要有重组织、双层组织、毛巾组织、纱罗组织和起毛(绒)组织等。本书主要介绍重组织和双层组织。

3.2.4.1　重组织及织物

由两组或两组以上的经纱与一组纬纱交织,或由两组或两组以上纬纱与一组经纱交织而成的组织，称为重组织。根据经纬纱配置组数不同，重组织可分为重经组织和重纬组织两大类。由两组或多组经纱与一组纬纱交织而成的经纱重叠组织，称为重经组织；由两组或多组纬线与一组经纱交织而成的纬纱重叠组织，称为重纬组织。

（1）重经组织

重经组织是由两组或多组经纱与一组纬纱交织而成的经纱重叠组织。根据经纱组数不同，重经组织可分为经二重、经三重与经多重组织，丝织物中以经二重组织居多。

经二重组织由两个系统经纱（即表经和里经）与一个系统纬纱交织而成。表经与纬纱交织构成织物正面，称为表面组织；里经与纬纱交织构成织物反面，称为反面组织；反面组织的里面称为里组织。

下面通过具体的例子来说明经二重组织的构作方法。

例：已知表组织采用 $\frac{3}{1}\nearrow$ 斜纹组织，反面组织采用 $\frac{3}{1}\nwarrow$，表、里经纱排列比为 1：1，构作一经二重组织。

构作步骤如下：

①按照要求绘制出表组织和反面组织，如图3-50（a）和图3-50（b）所示。

②确定里组织。为了使织物的正面和反面都不露出另一系统的经纱的短浮点痕迹，可借助于辅助图确定里组织的组织点配置。如图3-50（c）所示，因为反面组织为 $\frac{3}{1}\nwarrow$，里组织应当是 $\frac{1}{3}\nearrow$（通过底片翻转法获得），图3-50（c）所示是在表面组织上，将已知表里经纱排列比 1：1 标出，图中纵行代表表经，纵向箭矢所示的粗线代表里经，横行代表纬纱。图3-50（d）所示是辅助图，系按已知的表面组织、表里经纱排列比以及结合"里组织的短经浮长配置在相邻表里经两浮长线之间"的原则，得出里组织 $\frac{1}{3}$ 斜纹组织的配置规

律。图3-50（e）即为所求得的里组织组织图，其中图中符号"■"
代表里经组织点。

③确定组织循环数。根据已知表面组织、里组织及表里经纱排
列比，得出组织循环经纱数$R_j=4 \times 2=8$，组织循环纬纱数$R_w=4$，并在
一组织循环范围内，按表里经纱排列比划分表里区，并用数字分别
标出来。阿拉伯数字1、2、3……为表经纱，罗马数字Ⅰ、Ⅱ、Ⅲ……
为里经纱，如图3-50（f）所示。

④将表经与纬纱相交处填入表组织，里经与纬纱相交处填入里
组织，所得到的经二重组织图如图3-50（g）所示。

图3-50（h）为纵向截面图，图3-50（i）为横向截面图，用以
检查组织的配置情况。

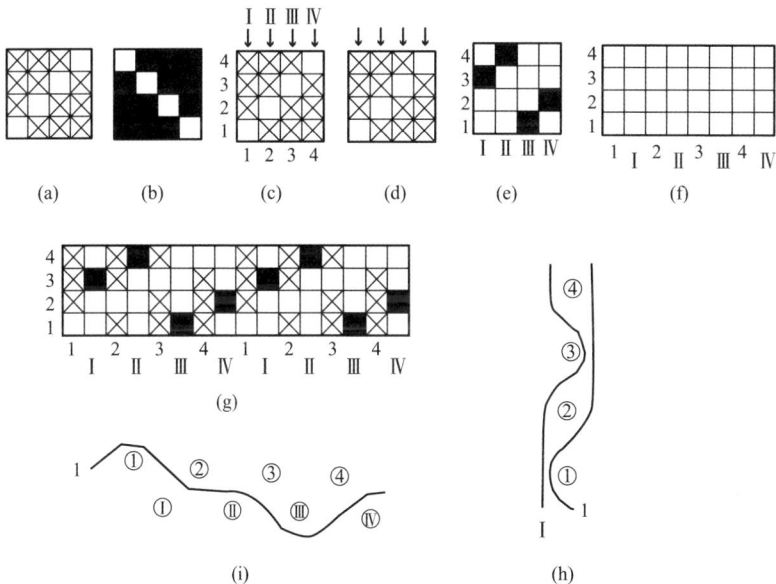

图3-50 经二重组织绘制

在棉、毛、丝织物中均有经二重组织的应用。毛织物中主要用

于高级精纺花呢，丝织物中主要用于中厚型织物，如留香绉、采芝绫等，棉织物中主要采用经起花组织，如各种府绸、女线呢等。

（2）重纬组织

重纬组织是由两组或多组纬纱与一组经纱交织而成的纬纱重叠组织，称为重纬组织。重纬组织根据选用的纬纱组数，可分为纬二重、纬三重、纬四重及以上的纬多重组织。

纬二重组织由两个系统纬纱（即表纬和里纬）与一个系统经纱交织而成，其中，表纬与经纱交织构成表面组织，里纬与经纱交织构成反面组织，反面组织的里面为里组织。

下面通过具体的例子来说明纬二重组织的构作方法。

例：构作纬二重组织，其表组织与反面组织均为$\frac{1}{3}$斜纹，表、里纬纱排列比为1∶1。

构作步骤如下：

①按照要求绘制出表组织和反面组织，如图3-51（a）和图3-51（b）所示。

②确定里组织：为了确定里组织的配置，绘出辅助图3-51（c）。如图所示，在表面组织上，将已知表里组织纬纱排列比1∶1标出，图中横向方格代表表纬，横向箭矢所示的粗线代表里纬，纵行代表经纱。图3-51（d）图系按已知的表面组织、表里纬纱排列比以及结合"里组织的短纬浮长配置在相邻两纬长浮线之间"的原则，得出里组织$\frac{3}{1}$斜纹的组织点配置规律。图3-51（e）为所求得的里组织组织图。

③确定组织循环数。根据已知表面组织、里组织及表里经纱排列比，得出结论，组织循环经纱数$R_j=4$；组织循环纬纱数$R_w=4\times2=8$。同时在一个组织循环4经与8纬范围内，按表里纬纱排列比划表里区，并用数字分别标出，如图3-51（f）图所示。

④将表纬与经纱相交处填入表面组织，里纬与经纱相交处填入

里组织，求得的组织图如图3-51（g）所示。

图3-51（h）所示为纵向截面图，图3-51（i）所示为横向截面图，用以检查组织的配置情况。

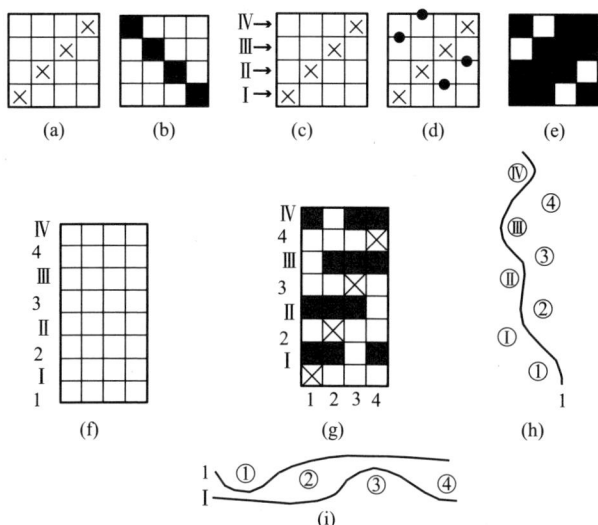

图3-51　纬二重组织的绘制

纬二重组织应用广泛，通常用于制织棉毯、毛毯、厚呢绒、厚衬绒以及丝织物等。

3.2.4.2　双层组织及织物

双层组织指表、里两个系统的经纱分别与表、里两个系统的纬纱交织，形成相互重叠的上、下两层织物的组织。

双层组织的表里两层相互重叠，上层的经纱和纬纱称为表经和表纬，下层的经纱和纬纱称为里经和里纬。表里的上、下两层既可以分离，也可以连接在一起。

为了便于在平面图上研究双层组织的组织规律，设想将上、下两层组织错开一定距离，使表、里纱线在同一平面上呈间隔排列状态，

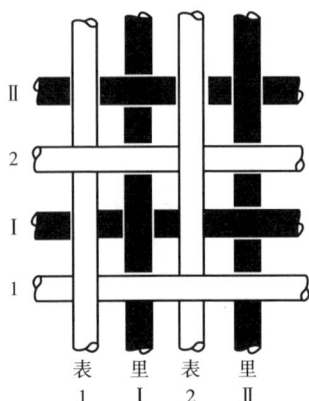

图3-52　平纹双层织物结构
示意图

以此表达出两层结构，如图3-52所示是平纹双层织物的结构示意图。

（1）织造基本原理

在织造双层织物时，必须遵循以下基本原理。

①织上层投表纬时，里经全部下沉留在梭口下层，表经根据表组织升降。

②织下层投里纬时，表经全部提升到梭口上层，里经根据里组织升降。

双层织物织造示意图如图3-53所示。

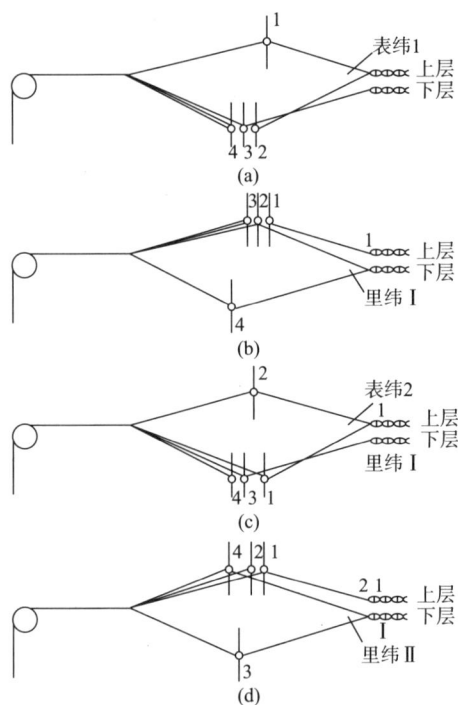

图3-53　双层织物织造示意图

096

（2）双层组织基本构作方法

①确定表、里层基本组织，分别画出表组织与里组织。常用的表、里组织有平纹、斜纹、重平、方平和四枚破斜纹等。

②确定表、里经的排列比。在表经和里经线密度、紧度也相同的情况，排列比一般采用1∶1或2∶2。如果表经细，里经粗，或者表层密度大，里层密度小，此时排列比可采用2∶1。

③确定表、里纬的投纬比。表、里纬的投纬比与纬纱的线密度、色泽以及织机的多梭箱装置有关。

④确定组织循环。

$$R_j = \left(\frac{R_{mj}与m_j的最小公倍数}{m_j} 与 \frac{R_{nj}与n_j的最小公倍数}{n_j} 的最小公倍数 \right) \times (m_j + n_j)$$

$$R_w = \left(\frac{R_{mw}与m_w的最小公倍数}{m_w} 与 \frac{R_{nw}与n_w的最小公倍数}{n_w} 的最小公倍数 \right) \times (m_w + n_w)$$

式中：R_j为组织循环经纱数；R_{mj}、R_{nj}为表、里组织循环经纱数；R_w为组织循环纬纱数；R_{mw}、R_{nw}为表、里组织循环纬纱数；m_j、n_j为表、里经排列比；m_w、n_w为表、里纬排列比。

⑤填绘组织图。首先，在组织循环内，用不同的符号标出表里经和表里纬的排列序号；其次，把表组织填入代表表组织的方格中，把里组织填入代表里组织的方格中；最后，在表经与里纬相交处的方格中，全部加上特殊的经组织点。

（3）双层组织在机织物中应用的主要目的

①采用一般的织机（非圆型织机）可制织管状织物。

②用两种或两种以上的色线作表里经纱或表里纬纱，能构成纯色或配色花纹。

③表里层采用不同缩率的原料，能织出高花效应的织物。

④采用双层组织能增加织物的厚度和弹性。

双层组织在服用、产业用以及家纺装饰中被广泛应用。

3.3 针织物

3.3.1 针织物组织

3.3.1.1 针织物的形成

针织物是织物的另一种主要类型的组织，是由一根或一组纱线在针织机的织针上弯曲形成线圈，并相互串套联结而成的制品。图3-54所示为针织圆机，图3-55所示为针织机的织针。

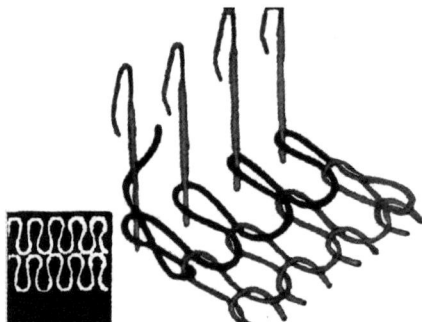

图3-54　针织圆机　　　　　　　　图3-55　针织机的织针

针织物按生产方式可分为纬编针织物和经编针织物两大类。其中，线圈按照纬向配置串套而成的针织物为纬编针织物，线圈按照经向配置串套而成的针织物为经编针织物（图3-56、图3-57）。

3.3.1.2 针织线圈的结构

线圈是针织物的基本构成单元，线圈呈三度弯曲空间曲线（图3-58）。

线圈由圈柱、延展线和圈弧组成。图3-59所示纬编线圈中，节点1～节点2、节点4～节点5为圈柱，2～3～4为圈弧，5～6～7为沉降弧。

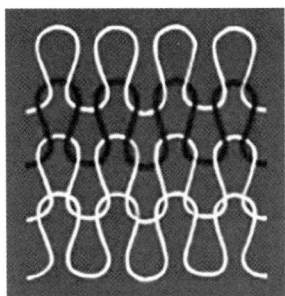

图3-56 纬编线圈结构

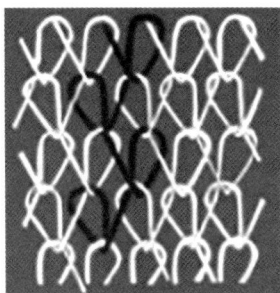

图3-57 经编线圈结构

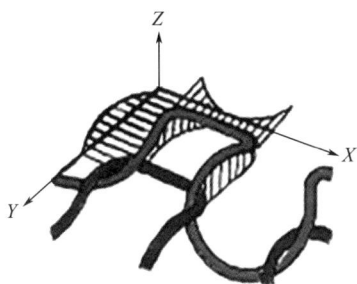

图3-58 线圈结构示意图

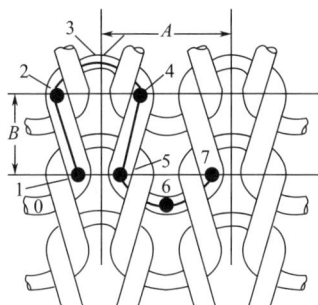

图3-59 线圈组成

线圈的基本组织结构指标如下。

①线圈横列：在针织物中，线圈横向连接的行列。

②线圈纵行：在针织物中，线圈纵向串套的行列。

③圈距：在线圈横列方向上，两个相邻线圈对应点之间的距离。

④圈高：在线圈纵行方向上，两个相邻线圈对应点之间的距离。

针织物的正面指线圈圈柱覆盖圈弧的一面（图3-60），针织物反面指线圈圈弧覆盖圈柱的一面（图3-61）。

3.3.1.3 纬编针织物组织

线圈按照纬向配置串套而成的针织物为纬编针织物。纬编针织物有原组织、变化组织和花式组织，其中原组织是基础，其他组织由原组织变化而来。

图3-60　针织物正面　　　　图3-61　针织物反面

（1）纬编原组织

纬编原组织包括纬平针组织、罗纹组织和双反面组织。

①纬平针组织。俗称汗布，由连续的单元线圈按照同方向串套而成，是纬编针织物中最简单的组织。纬平针组织结构图如图3-62、图3-63所示。

纬平针正反面外观不同，正面为光滑纵条，反面呈横条；织物横向拉伸时延伸性大；易卷边；有纬斜；两方向均可脱散。常应用于汗衫、背心、T恤衫、衬衣、裙子、运动衣裤、羊毛衫、睡衣、衬裤、平脚裤等。

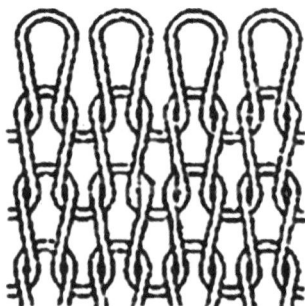

图3-62　纬平针组织正面　　　　图3-63　纬平针组织反面

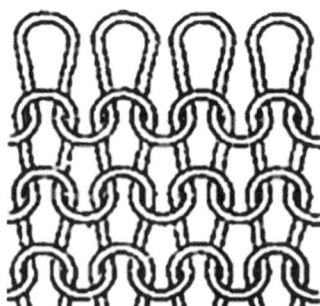

②罗纹组织。是由正面线圈纵行与反面线圈纵行按照一定规律交替配置而成的针织物组织（图3-64）。一般以数字表示罗纹针织物的组织结构，图3-64所示为1+1罗纹组织，第一个数字表示正面线圈纵行数，第二个数字表示反面线圈纵行数。

罗纹组织正反外观相同；延伸性和弹性大，横向大于纵向；织物脱散性小于纬平针组织；不易卷边，有可能包卷。罗纹组织织物常应用于弹力衫、棉毛衫裤、羊毛衫或领口、袖口、裤口、袜口等处。

③双反面组织。又称珍珠编，是由正面线圈横列和反面线圈横列相互交替配置而成的针织物组织结构（图3-65）。

双反面组织正反外观相同；织物厚度与纵向密度大，纵、横向均易拉伸；织物脱散性大；不易卷边。常应用于婴儿衣物及手套、毛衫等产品。

图3-64　罗纹组织　　　　　　　图3-65　双反面组织

（2）纬编变化组织

纬编变化组织是指在原有组织的相邻线圈纵行中配置一个或多个原组织，以改变原有组织的结构和性能。纬编变化组织通常由两个或多个原组织组合而成，如变化平针组织和双罗纹组织等。

①变化平针组织。由两个纵行相间配置的平针组织构成（图3-66）。如果使用两色纱线则可构成两色纵条纹织物，纵条纹的

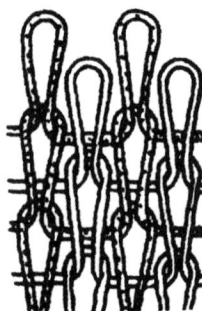

图3-66　1+1变化平针组织

宽度取决于两平针组织线圈纵行的相间数。变化平针组织横向延伸度小于平针组织，面料尺寸稳定。变化平针组织通常较少使用，一般与其他组织复合形成纬编花色组织。

②双罗纹组织。由两个罗纹组织彼此复合而成，又称棉毛布、棉毛组织、双正面组织。其组织结构如图3-67所示，形成示意图如图3-68所示。双罗纹组织由相邻的两个成圈系统形成一个线圈横列相配合而成，目的是改善罗纹在横向上过大的延伸性。其特征是同一横列上的相邻两个线圈在纵行上彼此相差半个圈高，两面都呈现正面线圈，彼此牵制，织物比较紧密，纵横向比较稳定不易变形。双罗纹组织具有正反外观相同，延伸性和弹性比罗纹小，不易卷边，线圈不易脱散的特点，厚实而保暖。一般用于制作棉毛衫裤、运动装等。

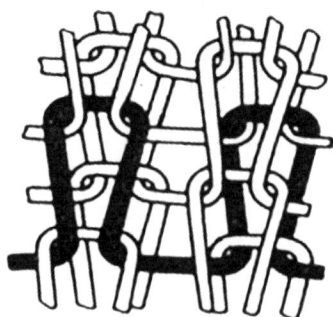

图3-67　双罗纹组织

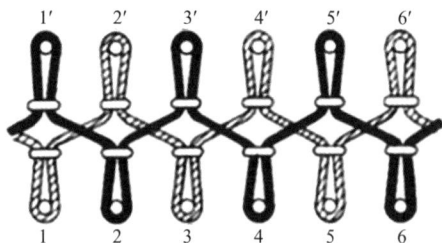

图3-68　双罗纹组织形成示意图

（3）纬编花色组织

纬编花色组织是指在原组织或变化组织的基础上另外编入一些色纱或辅助纱线形成的一种组织。花色组织既能在针织坯布上形成各种花纹图案，美化针织面料的外观，又能改变针织面料的性能，如使其更紧密、厚实，增强面料的保暖性、尺寸稳定性和减少脱散性等。花色组织品种多，结构复杂，主要有以下几类：提花组织、衬垫组织、集圈组织、添纱组织、毛圈组织、长毛绒组织以及以上组织合成的复合组织。

①提花组织。将纱线垫放在按花纹要求所选择的工作针上编织成圈，在不成圈处纱线以浮线或延展线状留在织物反面而形成的组织。提花组织根据组织结构分为单面提花组织（图3-69）和双面提花组织（图3-70）。

图3-69　单面提花组织　　　　图3-70　双面提花组织

提花组织针织物具有清晰的花纹、丰富的图案、稳定的结构、较小的延伸性和脱散性，手感柔软而富有弹性，适宜制作针织外套和羊毛衫的织物。

②衬垫组织。衬垫组织是以一根或几根衬垫纱线按一定间隔，在织物的某些线圈上形成不封闭的悬弧，而在其余的线圈上呈浮线状态停留在织物反面而形成的组织。衬垫组织有平针衬垫组织（图3-71）和添纱衬垫组织（图3-72）之分。

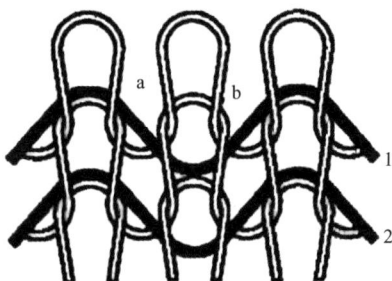

图3-71　平针衬垫组织

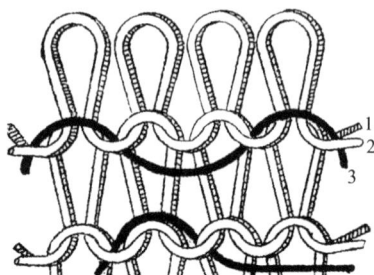

图3-72　添纱衬垫组织

衬垫组织织物表面平整，经拉绒起毛后提高了保暖性，横向延展性小，尺寸稳定性好。衬垫组织主要用于生产绒布，在整理过程中进行拉毛，使衬垫纱线变成短绒状，可以提升织物的保暖性，常用于制作绒衣绒裤、童装、休闲服等。

③集圈组织。指在针织物的某些线圈上，除有一个封闭的旧线圈外，还有一个或多个未封闭的悬弧而形成的组织（图3-73）。

集圈组织具有以下特点：脱散性、横向延伸性、耐磨性和断裂强力比平针组织和罗纹组织小，且容易抽丝；利用集圈可形成多种花色效应，比如色彩效应、网眼、闪色、孔眼以及凹凸等；织物厚度与宽度比平针和罗纹组织大。集圈组织常用于生产毛衫和T恤。

④添纱组织。指针织物的全部或部分线圈由一根基本纱线和一根或几根附加纱线形成的组织（图3-74）。

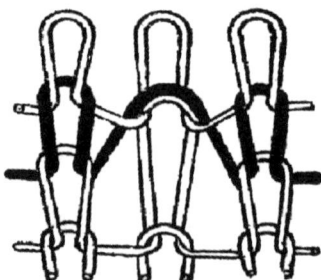

图3-73　集圈组织

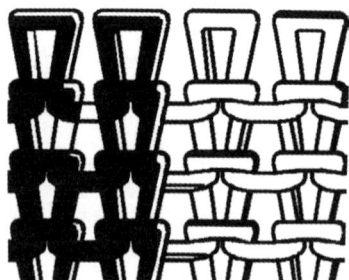

图3-74　添纱组织

添纱组织一般采用两根纱线编织,因此当采用两根不同捻向的纱线编织时,既可消除单面纬编织物的线圈倾斜现象,又可使针织物的厚薄均匀。另外,当添纱组织的面纱与地纱采用不同颜色或不同性质的纱线时,可使织物的正反两面具有不同的颜色和性质。添纱组织常用于袜业、内衣、运动衣、休闲服装面料等生产中。

⑤毛圈组织。毛圈组织是由平针线圈和带有拉长沉降弧的毛圈线圈组合而成的。一般由两根纱线编织而成,一根纱线编织地组织,另一根纱线编织带有毛圈的线圈(图3-75)。毛圈组织可分为普通毛圈组织和花色毛圈组织。毛圈组织产品柔软、厚实具有良好的保暖性与吸湿性,常用于制作毛巾、睡衣、浴衣等面料。

⑥长毛绒组织。指编织生产过程中,用纤维束或毛绒纱与地纱一起喂入编织成圈,同时使纤维以绒毛状附在织物表面的组织(图3-76)。

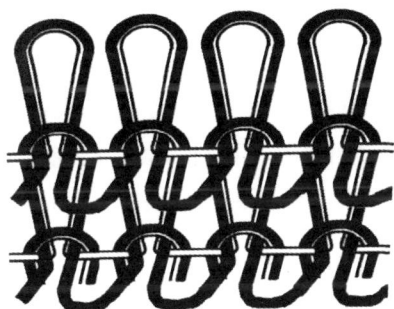

图3-75 毛圈组织

图3-76 长毛绒组织

利用各种不同性质的合成纤维混合后编织的长绒毛组织针织物,其外观同天然毛皮相似,因此又有"人造毛皮"之称。采用腈纶制成的针织人造毛皮,其重量比天然毛皮轻,手感柔软,具有良好的保暖性和耐磨性,而且绒毛结构和形状都与天然毛皮相似,外观逼真，适合制作冬季外衣。

⑦复合组织。由两种或多种纬编组织复合而成的组织，这些纬编组织可以是不同的基本组织、不同的变化组织以及不同的花色组织。复合组织可以根据各种组织的特性复合成所要求的组织结构。比如，罗纹组织与平针组织复合成罗纹空气层组织，具有紧密厚实、弹性好、保暖性好和横向延伸性较小的特点，被广泛用于制作保暖内衣和外衣面料。

3.3.1.4 经编针织物组织

（1）编链组织

编链组织是指每根纱线始终绕同一枚织针垫纱成圈，形成一根连续线圈链的组织（图3-77）。编链组织紧密、手感丰满，纵向延伸性小，由于线圈之间没有联系，所以单独的编链组织不能形成织物，必须与其他组织配合形成织物。

编链组织特性：可逆编织方向脱散，纵向延伸性小，线圈圈干直立，纵行间无联系。

（2）经平组织

经平组织是每根纱线轮流在相邻两枚织针上垫纱成圈的经编组织，即同一根经纱所形成的线圈轮流配置在两个相邻线圈纵行中（图3-78）。经平组织两面都呈现菱形网眼的外观，纵横向有一定的延伸性能。经平组织主要用于T恤、汗衫、背心等。

（3）经缎组织

经缎组织是指每根经纱有序地在相邻的织针上形成线圈，并且在一个完全组织中有半数的横列线圈向一个方向倾斜，而另外半数的横列线圈向另一方向倾斜，逐步在织物表面形成横条纹效果（图3-79）。经缎组织织物延伸性较好，比经平组织织物厚实，是常用作拉绒织物的组织。

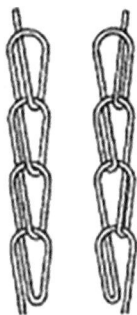

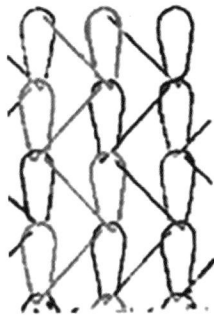

图3-77 编链组织 图3-78 经平组织 图3-79 经缎组织

3.3.2 常见纬编针织物品种及应用

3.3.2.1 汗布

针织大圆机上生产的纬平针组织通常俗称为"汗布"（图3-80）。汗布质地细密轻薄、布面光洁、纹路清晰。织物两面具有不同的外观，正面呈现的是线圈的圈柱，圈弧则分布在织物的反面，有明显的卷边现象。横向延伸性比纵向延伸性大，吸湿性与透气性较好。

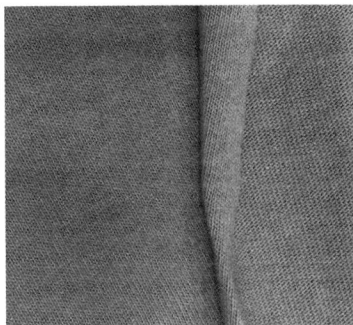

图3-80 汗布

汗布根据采用原料的不同分为纯棉汗布、混纺汗布、真丝汗布和天丝汗布等；根据染整工艺的不同分为素色汗布、印花汗布和条纹汗布等。汗布常用于制作贴身穿的汗衫、背心和T恤等。

3.3.2.2 罗纹布

罗纹布是以罗纹为基本组织的纬编双面针织物，根据织物正反面线圈纵行的组合不同形成各种宽窄不同的纵向凹凸条纹外观（图3-81）。罗纹布具有良好的弹性，一般用于服装领口、袖口和下摆，也常用于需要一定弹性的内外衣制品，如弹力衫、弹力背心等。罗纹布以素色居多，根据设计需要，还可以生产提花罗纹布、复合罗纹布和氨纶罗纹布。

图3-81 罗纹布

3.3.2.3 棉毛布

棉毛布是采用双罗纹组织的纬编双面针织物，即由两个罗纹组织彼此复合而成。该织物正反面外观相同（图3-82），手感柔软、弹性好、布面匀整、纹路清晰，厚实保暖，结实耐穿，稳定性优于汗布和罗纹布。因其主要用于棉毛衫裤，又俗称"棉毛布"，也因织物的两面都只能看到正面线圈被称为"双面布"。

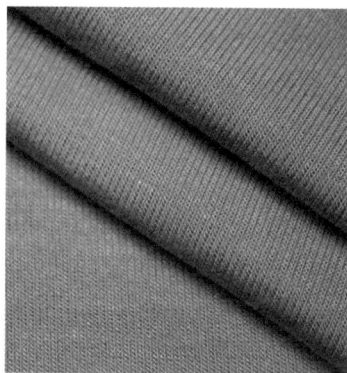

图3-82 棉毛布

棉毛布素有素色、彩色、印花和抽条棉毛布，适宜制作春、秋、冬三季的内衣、棉毛衫裤、运动衣及外衣。

3.3.2.4 毛圈布

毛圈布是指织物的一面或两面有环状纱圈（又称毛圈）覆盖的针织物（图3-83），该织物具有良好的保暖性和吸湿性，柔软厚实，弹性、延伸性良好。常用于制作浴衣、睡衣和家用纺织品。

3.3.2.5 起绒针织布

起绒针织布即织物表面呈现绒层或毛茸外观，看不见织纹，也称作"剪绒"。有单面绒和双面绒两种。该织物手感柔软，轻便保暖，穿着轻便舒适，且具有一定的弹性和延伸性。根据起绒针织布的厚薄可以制作运动衫裤及外衣等。

图3-83　毛圈布

针织服装上采用的起绒类针织布主要有摇粒绒、天鹅绒等。

摇粒绒（又称羊丽绒）。面料正面拉毛，摇粒蓬松密集而不易掉毛、起球；反面拉毛疏密匀称，绒毛短小，组织纹理清晰。织物蓬松，弹性好，手感柔软，保暖性好。面料成分一般采用涤纶。该面料被广泛应用于针织外衣、帽子、围巾、手套及床上用品等（图3-84）。

毛圈较长的毛圈织物可以通过剪毛形成天鹅绒织物，即在织物表面覆盖直立的绒毛。天鹅绒高贵华丽、手感柔软厚实、色泽柔和、悬垂感强，可用于针织休闲服装、礼服、旗袍、外衣、舞台服装等（图3-85）。

图3-84　摇粒绒

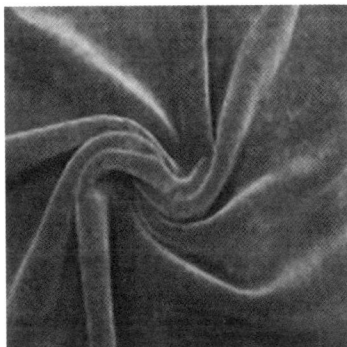

图3-85　天鹅绒

3.3.2.6 珠地网眼

珠地网眼是利用线圈与未封闭的悬弧交错配置形成网眼，又称珠地组织（图3-86）。珠地网眼组织面料表面呈现出类似蜂巢的凹凸疏孔状，其透气性、吸湿性和散热性优于单面组织针织汗布，一般常用于制作Polo衫、Polo裙和运动服等。

图3-86 珠地网眼

3.3.2.7 涤盖棉面料

该纬编针织物外层是涤纶线圈，里层是棉纱线圈，中间通过集圈加以连接。涤盖棉面料融合了棉与涤纶的优点，外观挺括抗皱、坚牢耐磨，里层吸湿透气、柔软舒适。该面料适用于外套、裤装、运动服等（图3-87）。

图3-87 涤盖棉面料

3.3.2.8 华夫格

该面料外观因酷似华夫饼的方形或菱形的凹凸图案，得名"华夫格"（图3-88）。一般采用全棉纱为原料，选用隐格组织织造。该面料吸湿透气性好，不起球、不掉毛，正反均可使用，风格别致。常用于制作内衣、睡衣、儿童服装等。

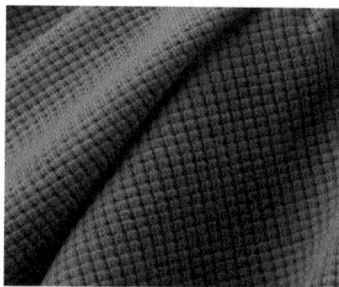

图3-88 华夫格

3.4 非织造布

3.4.1 非织造布的概念

非织造布又称"无纺布""不织布"等，是指未经传统的织造工艺，直接由短纤维或长丝铺置成网，经机械或化学加工（连缀）制成的片状物。由于其生产流程短，产量高，成本低，使用范围广，发展十分迅速。

纤维成网是非织造布生产的重要工序，几乎所有的非织造布都必须先制成纤维网，纤维网中纤维的排列形式有平行排列、交叉排列和无定向排列三种。纤维网结构根据产品的性质和定重要求决定。产品薄的只有每平方米10克，厚的可达每平方米数千克，软的柔软似丝绸，硬的则坚似木板，松的似絮，紧的似毡。随着化学工业的发展，生产技术的进步，以及性能优良的纤维和黏合剂的开发，非织造布的品种也在不断创新和丰富，应用领域亦日益拓展。

3.4.2 非织造布加工方法

非织造布加工方法有针刺法、化学黏合、热黏合、射流喷网、纺丝成网、熔喷法、湿法成网法和缝编法等。

（1）针刺法

将梳理折叠法或气流成网法形成的纤维网引入装有特殊针的机器，通过针的上下穿刺把纤维缠结起来，达到机械结合，这种方法适宜于加工高密度和较厚的产品。针刺法是非织造布的重要加工方法，目前世界上的干法非织造布中，针刺法非织造布占40%以上。针刺法非织造布的应用非常广泛，可用于家用装饰、毛毯、地毯、汽车内饰、过滤材料、服装衬、涂层织物基布等。

（2）化学黏合

将混合开松的纤维梳理成网，然后靠加入黏合剂或采用热熔性物质达到纤维与纤维的网间结合。化学黏合法是非织造布干法生产中应用历史最长、使用范围最广的一种纤维加固方法。这类非织造布一般具有柔软的手感，有较好的悬垂性，主要用作黏合衬、保暖絮片、揩布等。

（3）热黏合

采用热熔纤维受热加压而固结的方法形成纤维网。一般采用双组分纤维成网，受热轧时，纤维网受轧点的热熔纤维熔融后被压扁且相互黏结，因此受黏合区域出现点状、线状及各种几何图案状。热熔黏合非织造布具有蓬松度高、弹性好、手感柔软、保暖性强等特点。主要用于防寒服、被褥、婴儿睡袋、沙发垫、包装材料、过滤材料、隔音材料、减震材料、服装衬里，以及手术衣帽、口罩、卫生巾等"用即弃"产品等。

（4）射流喷网（水刺法）

利用许多束高压水流喷射纤维网，使纤维纠缠达到"机械"结合，然后通过传统的黏合、烘燥和卷绕形成。这类产品具有较高强力、手感柔软、透通性好。产品用途范围广泛，可用于皮革行业中的聚氨酯（PU）、聚氯乙烯（PVC）涂层皮革基布，医用卫生材料中的手术衣帽、口罩、鞋套、医用纱布、绷带等，以及民用日用品及其他即弃材料，如湿面巾、一次性内衣裤、镜片擦拭布、鞋帽衬、除污布等。

（5）纺丝成网（纺粘法）

利用化学纤维纺丝的方法，将高聚物熔融纺丝、冷却牵伸、铺叠成网，最后经针刺、水刺、热轧或其他黏合方法加固形成非织造材料。纺粘产品被广泛应用于医疗卫生品、一次性防污服、农用丰收布、畜牧暖棚、家具用布、汽车内饰材料、土工用布、旅游及日常农用产品、涂层织物底布等。

（6）熔喷法

将聚合物熔体通过高速热空气喷吹，使其受到极度拉伸而形成极细的纤维，然后将这些纤维聚集到成网滚筒或成网帘上形成纤网，最后经过自黏合作用加固制成熔喷法纤维非织造布。熔喷法非织造布主要用于过滤材料、医用材料、卫生用品、吸油材料、服装材料、擦布等。

（7）湿法成网法

使天然或再生纤维悬浮于水中，均匀分布，当纤维与水的悬浮体流到一张移动的滤网上时，形成均匀的纤维网，再通过压榨、黏结、烘燥形成产品。这种生产方法类似于造纸，布面均匀致密、平整。主要用于手术衣帽、尿布、过滤材料等。

（8）缝编法（纱线加固法）

这种工艺方法是用缝编机将纤维网用纱线形成经编线圈固结起来，使纤维网保持稳定。常用于装饰用布。

3.5　本章小结

织物是最常见的纤维制品类服装材料，按加工方法分类，通常可以分为机织物、针织物和非织造布。本章主要介绍了机织物、针织物的组织结构以及非织造布的加工方法。

机织物是指相互垂直排列的经纱和纬纱，在织机上按一定的规律交织形成的织物。在形成织物时，按照织物组织要求，综框有规律的升降，使一部分经纱提升，另一部分经纱不提升，把经纱分成上、下两层，形成梭口，然后由引纬机构将纬纱引入梭口交织形成织物。

机织物组织指在织物中经纱和纬纱相互交错或彼此沉浮的规律。机织物组织的表示方法通常采用组织图表示法和分式表示法。

机织物原组织是机织物组织中最简单、最基本的组织，即不能再分割的组织。机织物原组织包括平纹组织、斜纹组织和缎纹组织。除了原组织，机织物组织还有变化组织、联合组织和复杂组织等。

针织物是由一根或一组纱线在针织机的织针上弯曲形成线圈，并相互串套联结而成的制品；针织物按生产方式可分为纬编针织物和经编针织物两大类。

线圈按照纬向配置串套而成的针织物为纬编针织物。纬编针织物分为原组织、变化组织和花式组织三大类，其中原组织是基础，其他组织由它变化而来。

线圈按照经向配置串套而成的针织物为经编针织物。经编针织物组织主要有编链组织、经平组织和经缎组织。

机织物与针织物特点比较：机织物具有结构稳定、布面平整、花色品种多、耐洗的优点，但是伸缩性、柔软性、透气性和防皱性不如针织物。针织物具有伸缩性好、柔软性好、多孔透气、防皱性能好、成形性好的优点，但是容易脱散，易卷边、勾丝，尺寸稳定性差。

常见的纬编针织物品种有汗布、罗纹布、棉毛布、毛圈布、起绒针织布、珠地网眼、涤盖棉面料以及华夫格等。

非织造布又称"无纺布""不织布"等，其加工方法有针刺法、化学黏合、热黏合、射流喷网、纺丝成网、熔喷法、湿法成网法和缝编法等。

4 蚕丝复合面料织造技术

4.1 概述

生产织造技术是研发绿色环保、柔软舒适和高性价比蚕丝复合面料的关键。本书通过蚕丝与氨纶及其他纤维复合的弹力单面针织编织工艺和起绒加工技术研究，设计和试制绢丝/氨纶/绢丝、莫代尔/氨纶/绢丝、棉/氨纶/绢丝、蛹蛋白丝/氨纶/绢丝、人棉/氨纶/绢丝、羊毛/绢丝等中厚型秋冬复合丝绸新面料。试制的复合面料保暖性、柔软性和抗皱性优于普通真丝绸，舒适透气性、保湿性优良并具有一定抗静电性、抗菌抑菌性和抗紫外线辐射等功能，是高档的针织起绒新产品。

蚕丝复合面料的生产工艺流程如图4-1所示。

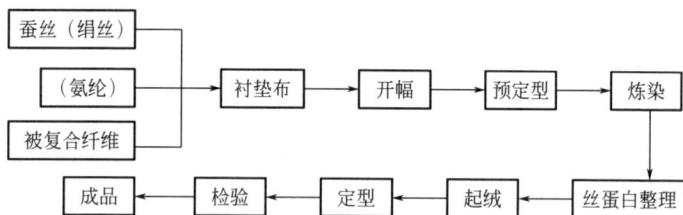

图4-1 蚕丝复合面料的生产工艺流程图

在复合面料开发时，要着重考虑以下方面。

①为充分发挥蚕丝纤维健康、护肤、舒适的独特优势，设计复合面料时应考虑直接接触皮肤的部分尽量是100%的蚕丝纤维。

②就内衣和休闲服装而言，面料的弹性是影响舒适性的重要因素之一。在生产织造时除了使用针织结构，还复合氨纶弹力纤维，

使织物具有较好弹性外，使起毛起球性能和耐洗涤性均得到很大的改善。

③由于人体肌肤随时都在呼吸，随时都在进行无感排湿，而蚕丝纤维具有极好的毛细管效应，使人们肌肤在冬天接触光滑的真丝服装时瞬间产生阴冷感。为此，在试制秋冬中厚型复合丝绸面料，特别是冬天内衣面料时应采用起绒工艺。

④弹力织物的克重、门幅、经纬向弹性控制难度比较大，复合弹力丝绸也不能完全按常规的工艺进行，须通过织造和后整理工艺以达到预期的效果。

4.2 织物编织

4.2.1 编织原理

织物按可起绒要求，一般可以采用平针衬垫组织和添纱衬垫组织两种编织方式。衬垫组织是在编织线圈的同时，将一根或几根衬垫纱线按一定的比例在织物的某些线圈上形成不封闭的悬弧，在其余线圈上呈浮线停留在织物的反面。衬垫组织的地组织一般采用纬平针组织，也可以采用其他组织。衬垫组织一般用于绒布的生产，在后整理的过程中对露在织物反面的浮线进行拉毛整理，使衬垫纱成为短绒状，提升织物的保暖性。

4.2.1.1 平针衬垫组织编织

地组织采用纬平针组织。衬垫组织织物编织时采用单面针织圆机、专门的衬垫沉降片和三角。纱线分为地纱、衬垫纱，两种纱线为一组编织形成一个横列。衬垫纱由双片喉沉降片控制。

平针衬垫组织编织时每两个成圈系统形成一个线圈横列，地纱的成圈系统由三角控制形成纬平针组织。衬垫纱由导纱器垫放到针杆上，在沉降片作用下弯曲在针杆上。三角控制织针上升钩取地纱，下降后串套在衬垫纱上，完成一个横列的编织。衬垫纱由于沉降片的作用弯曲，其弯曲部分（沉降弧）在织物的工艺反面形成外露的圈状。编织时可以通过控制排针使衬垫线圈形成多种形状的排列，如鱼鳞状等。大多起绒用织物采用1：2的垫纱比排列成斜纹状，圈长可调、起绒美观、固结良好。织物结构由地纱与衬垫纱组成，在衬垫纱与地纱交叉处，衬垫纱会露出在织物正面，因此此种组织的缺点是当地纱与衬垫纱的纱线原料、纱支细度不同时会在织物的衬垫纱与地纱交叉处显现不同的纱点和色差。也可以利用衬垫纱的外露，使用不同的原料使之显示花色效应。例如，地纱采用蓝色涤纶丝，衬垫纱采用白色棉纱，编织后会在蓝色的布面上有规律地散布白色的小点，具有劳动布的效应。平针衬垫组织编织的线圈图如图4-2所示，图中1为地纱编织平针组织，2为衬垫纱，它按一定的比例编织成不封闭的圈弧悬挂在地组织上。

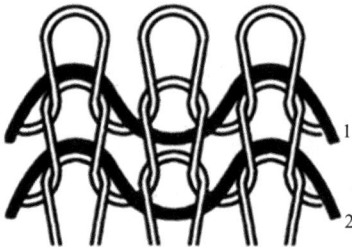

图4-2　平针衬垫组织线圈图

4.2.1.2　添纱衬垫组织编织

地组织采用添纱组织，织物由地纱、面纱和衬垫纱组成。在这种结构中，衬垫纱周期性地在织物的某些圈弧上形成悬弧，与地纱交叉并夹在地纱与面纱之间。此方式固结良好，绒纱对织物的表面影响小，也不受纱线原料和纱线纱支粗细的影响。添纱衬垫组织编织的线圈图如图4-3所示。

添纱衬垫组织织物编织时采用单面针织圆机、专门的衬垫沉降片和三角。纱线分为面纱、地纱和衬垫纱，三种纱线为一组编织形成一个横列。添纱（里纱）由大三角控制（上升高度高），面纱由小三角控制（上升到集圈位置），衬垫纱由双片喉沉降片控制。

添纱衬垫组织编织时每三个成圈系统形成一个线圈横列，地纱、面纱的成圈系统分别由大、小三角控制形成两种上升高度。衬垫纱由

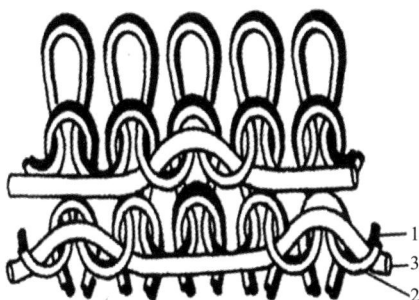

图4-3 添纱衬垫组织线圈图
1—面纱 2—地纱 3—衬垫纱

导纱器垫放到针杆上，在沉降片作用下弯曲在针杆上。大三角控制织针上升钩取地纱，下降后在衬垫纱之下（第一低点）。然后小三角控制织针再上升钩取面纱，下降后到第二低点（脱圈点），将衬垫纱夹在地纱与面纱之间，完成一个横列的编织。衬垫纱由于沉降片的作用弯曲，其弯曲部分（沉降弧）在织物的工艺反面形成外露的圈状，这种编织的优点是衬垫纱不参加编织，织物正面看不到衬垫纱，因此不影响正面效应。编织时可以通过控制排针使衬垫线圈圈长形成多种排列方式，如1∶1、1∶2、1∶3等，在横列上通过使线圈的浮长线错位排列形成多种形态如鱼鳞状。大多起绒用织物采用1∶2的垫纱比（圈长为两针）排列成斜纹状，圈长可调、起绒美观、固结良好。

4.2.2 起绒原理

起绒是利用织物反面的衬垫线圈的浮长，使用细密的钢针起绒辊高速旋转，将纱线浮长中的纤维拉断、拉松，使短纤维一头露在织物表面（长丝纤维被拉断）形成绒毛。为了起绒方便，一般衬垫纱采用环锭纺的纱线。

起绒机是在一个大滚筒的圆周上配置两种类型的起绒辊：一种起绒辊设有与织物运动同方向弯曲的金属针（或为直针），另一种起绒辊则设有与织物运动反方向弯曲的金属针，即通常所称梳绒起毛辊和拉绒起毛辊。当织物在起绒机上运行时，织物的工艺反面拉紧，紧贴在针辊的表面，转动的梳绒起毛辊和拉绒起毛辊与织物产生相对运动，使起毛辊的针尖对织物顺一方向刮剔再反方向刮剔，使织物纱线中的纤维被拉脱，有的纤维被拉断，使纤维的一段外露在纱线的表面而形成绒毛挠起（指绒毛缠绕），从而达到起绒的目的。

通过调节传动齿轮的传动比，改变滚筒与绒布的相对速度、针辊的旋动速度、针辊的类型，可以调节起绒的效果。

针织起绒机可分为圆筒起绒机和平幅起绒机两类。

4.3 蚕丝复合面料织造工艺技术

4.3.1 蚕丝复合面料的设计

每一种针织产品的设计内涵从全方位看需考虑的因素很多，主要有服用性能和加工特性两个方面。服用性能主要考虑人体穿着的舒适性、保健性和保暖性；加工特性主要考虑纱线原料、织物组织结构、编织机器的特点、上机工艺和染色整理工艺等。本设计主要以改善织物舒适性为主，通过采用不同的原料纱线、组织结构来改善织物舒适性和保暖性能。

4.3.1.1 蚕丝复合面料组织结构设计

针织物由线圈串套而成，织物结构松散，透气性好，穿着柔软舒适。纬编针织物常用的组织有纬平针、罗纹、提花、集圈、添纱、衬垫、毛圈、长毛绒等，根据穿着的适用性，本设计采用纬编针织物的平针衬垫和添纱衬垫组织。

平针衬垫组织的地组织是纬平针组织，在纬平针组织的基础上衬垫上纱线；添纱衬垫组织是指在添纱组织的基础上将一根或几根附加的衬垫纱线按一定的比例夹带到组织结构中，与地组织纱线发生一定程度的交织。本设计为了提升舒适性和保暖性，选用绢丝作衬垫纱，对织物反面进行起绒处理，细密的绒毛使皮肤触感柔软、舒适，同时绒毛层可以含有较多的静止空气，从而提高保暖效果。

4.3.1.2 原料选用

为了提高穿着舒适性，本设计采用天然纤维原料纱线进行编织，而蚕丝细而柔软，是蛋白质纤维，与人体皮肤具有良好的亲和性，触感舒适。因此衬垫纱采用绢丝，地纱采用蛹蛋白丝和氨纶复合丝编织。在整个产品中，地纱（或面纱）也可以采用莫代尔、棉纱、绢丝、人造棉等纤维和氨纶复合纱线，可以降低成本或显现不同穿着风格和满足不同服用性能的要求。

4.3.1.3 织物规格设计

（1）织物穿着要求分析

本设计的面料主要用来制作高档贴身睡衣和休闲服饰，穿着季节以春、秋季为主，因此厚度不宜过厚，也不能太薄，属于中型织物。常用的针织物的规格范围在$60\sim500g/m^2$，本设计的织物规格选择$150\sim350g/m^2$为宜。

（2）编织机器规格分析

衬垫组织的机器常用的规格有24G、20G、18G和16G（G代表针距，即每英寸内的针数），常用的筒径有26英寸、30英寸和34英寸。本书实验设计根据风格要求选用24G/34英寸单面4针道圆机和20G/30英寸单面三跑道针织卫衣圆机。

（3）纱线原料分析

根据机器型号的编织范围、织物规格和风格的要求，地纱的选用范围应该在16.1～22.4tex（26～36英支），衬垫纱根据地纱选配为18.2～36.4tex（16～32英支）。

根据市场的纱线规格，本设计衬垫纱采用120公支/2绢丝，地纱（或面纱）采用32英支莫代尔、32英支精梳棉纱、120旦蛹蛋白丝、120公支/2绢丝、120旦人棉纱，分别与20旦氨纶进行复合，编织平针衬垫与添纱衬垫两种形式的组织，形成规格为150～350g/m² 的系列面料进行对比研究。

4.3.2　蚕丝复合面料的规格及织造工艺说明

4.3.2.1　蚕丝复合面料成品规格

试制的七种蚕丝复合面料成品规格见表4-1，如图4-4所示从左到右面料依次为1#到7#。

表4-1　七种蚕丝复合面料成品规格

织物编号	织物原料		厚度/mm	克重/（g/m²）	密度/（线圈/5cm）		总密度/（线圈/25cm）
	地纱（面纱）	衬垫纱			纵密	横密	
1#	32英支莫代尔+20旦氨纶	120公支/2绢丝	2.48	358.02	106	114	12084
2#	32英支精梳棉纱+20旦氨纶	120公支/2绢丝	2.35	265.81	102	84	8568
3#	120旦蛹蛋白丝+20旦氨纶	120公支/2绢丝	1.67	278.20	108	106	11448
4#	120公支/2绢丝+20旦氨纶	120公支/2绢丝	1.31	237.83	88	84	7392
5#	48英支羊毛	120公支/2绢丝	1.26	193.66	76	72	5472

织物编号	织物原料		厚度/mm	克重/（g/m²）	密度/（线圈/5cm）		总密度/（线圈/25cm）
	地纱（面纱）	衬垫纱			纵密	横密	
6#	120公支/2绢丝	120公支/2绢丝	1.37	187.11	116	70	8120
7#	120旦人棉纱+20旦氨纶	120公支/2绢丝	2.21	245.42	98	86	8428

图4-4　新开发的七种蚕丝复合面料成品

蚕丝复合面料成品外观呈现丝绸的柔和光泽，起绒后织物质地柔软，手感舒适、滑爽并富有弹性，织物纵、横向的延伸性减小，尺寸稳定性好，不易脱散。添纱衬垫组织织物较平针衬垫组织织物厚实，结构更加稳定，绒毛牢固。

4.3.2.2　织造工艺说明

复合织物的组织结构属于针织纬编衬垫组织，不同的面料可以根据面料的风格、用途不同采用平针衬垫组织、添纱衬垫组织和花色衬垫组织等进行编织。坯布经过炼漂、染色、整理、烘干、起绒、定型后即为成品。

研究试样有两种编织方法，分别为平针衬垫组织和添纱衬垫组织。分别在利达单面针织圆机上进行编织。

1#、4#、5#、6#试样采用平针衬垫组织编织，针织机采用UBX-3SK单面4针道圆机，机号为24G，进纱为102路，筒径为34英寸，工艺转速为12r/min。织物的衬垫组织采用1∶2位移式左斜纹。

2#、3#、7#试样采用添纱衬垫组织编织。针织机采用UBX-3DF单面三跑道针织卫衣圆机，机号为20G，进纱为90路，筒径为30英寸，工艺转速为12r/min，织物的衬垫组织采用1∶2位移式左斜纹。

织物起绒的工艺：车速145r/min，布速11m/min，起两道。回潮率控制在6%～8%，开幅起绒。

4.3.2.3　织造原料要求

本实验采用相同的120公支/2绢丝作为衬垫纱进行编织，采用不同的地纱，包括精梳棉纱、莫代尔、蛹蛋白丝、人棉纱、绢丝、羊毛纱线等原料。

针织织造的原理是用织针将纱线弯曲成圈，再将线圈相互串套编织成织物。由于织针较细，纱线的粗节会造成织针的针头损坏，故对纱线有较高的要求。要求纱线原料条干均匀、粗细节少、品质高。编织前纱线原料要经过编织前准备：翻、倒筒，在纺纱、翻倒筒过程中经过电子清纱控制粗细节，提高条干均匀度，清除纱疵，使纱线质量符合正常编织的要求。

4.3.3　蚕丝复合面料编织工艺

4.3.3.1　平针衬垫组织的编织

平针衬垫组织的地组织是纬平针组织，在纬平针组织的基础上衬垫上纱线。本实验的1#、4#、5#、6#试样采用平针衬垫组织编织，因此编织方法相同。

（1）本实验机器

机器采用UBX-3SK，机器参数：24G/102F/34英寸单面4针道圆机。

（2）原料

试样地纱分别采用32英支莫代尔（120公支/2绢丝）和20氨纶复合丝、120公支/2绢丝（48英支羊毛），衬垫纱采用120公支/2绢丝。

（3）穿纱方式

穿纱方式见表4-2。

表4-2　穿纱方式

第一路	第二路	第三路	第四路
32英支莫代尔+20旦氨纶	120公支/2绢丝	32英支莫代尔+20旦氨纶	120公支/2绢丝

按上述循环：一路穿32英支莫代尔+20旦氨纶，一路穿120公支/2绢丝，依次共穿102路即52个循环，穿纱时一路隔一路穿相同的纱线。20旦氨纶与32英支莫代尔穿在同一路，导纱器上有两个穿纱孔，纱线穿下边孔，氨纶丝穿上边孔。

（4）编织三角的排列

编织时采用1∶2的垫纱比，即隔两针衬垫纱编织一次，即三针一个循环。因此本机采用三种针，织针的排列为1、2、3种针依次循环排列。衬垫纱的背面浮线采用鱼鳞状排列，因此采用左斜向的排列方式：两路纱线为一个横列，三个横列为一个循环。机上共52路。编织三角的排列见表4-3。

表4-3　编织三角的排列

路数	I	II	III	IV	V	VI
针道	纱线					
	衬垫纱	地纱	衬垫纱	地纱	衬垫纱	地纱
3	—	∧	—	∧	—	∧
2	—	∧	⌒	∧	—	∧
1	—	∧	—	∧	—	∧

注　表中符号"∧"表示编织；"⌒"表示集圈；"—"表示不编织。

4.3.3.2 添纱衬垫组织编织

添纱衬垫组织的地组织是添纱组织，在添纱组织的基础上衬垫上纱线。本实验的2#、3#、7#试样采用添纱衬垫组织方式编织。

（1）本实验机器

机器采用UBX-3DF单面三跑道针织卫衣圆机，机器参数：20G/90F/30英寸单面3针道圆机。与平针衬垫组织编织不同，添纱衬垫组织的编织需要采用专用的三线卫衣纬编机。

（2）原料

试样地纱采用32英支精梳棉纱线（120旦蛹蛋白丝、120旦人棉），面纱采用32英支精梳棉纱线（120旦蛹蛋白丝、120旦人棉）和20旦氨纶复合丝，衬垫纱采用120公支/2绢丝。

（3）穿纱

添纱衬垫组织的地组织纱线分为地纱、面纱两种，由地纱、面纱、衬垫纱三路组成一个横列。因此按上述循环：第一路穿衬垫纱120公支/2绢丝，第二路穿地纱：32英支精梳棉纱，第三路穿面纱32英支精梳棉纱+20旦氨纶，依次共穿102路即34个循环，面纱穿纱时20旦氨纶与32英支精梳棉纱线穿在同一路，导纱器上有两个穿纱孔，纱线穿下边孔，氨纶丝穿上面孔。

（4）添纱衬垫组织三角排列

添纱衬垫组织三角排列见表4-4。

表4-4 三角排列

路数	I	II	III	IV	V	VI	VII	VIII	IX
针道	纱线								
	衬垫纱	地纱	面纱	衬垫纱	地纱	面纱	衬垫纱	地纱	面纱
3	—	∧	∧	—	∧	∧	⌒	∧	∧
2	—	∧	∧	⌒	∧	∧	—	∧	∧

路数	I	II	III	IV	V	VI	VII	VIII	IX
针道	纱线								
	衬垫纱	地纱	面纱	衬垫纱	地纱	面纱	衬垫纱	地纱	面纱
1	⌒	∧	∧	—	∧	∧	—	∧	∧

注 表中符号"∧"表示编织;"⌒"表示集圈;"—"表示不编织。

4.3.4 温湿度控制

车间温湿度的控制与针织生产的关系十分密切,若车间的温湿度不符合所使用原料的要求,就会增加断头、织疵、坏针等故障发生的风险,严重影响生产效率及产品质量。所以说,控制车间温湿度是提高针织产品和生产效率的一项重要措施。

湿度控制可以使用悬挂旋转式增湿器或不锈钢防尘自控负离子增湿器,本产品生产使用悬挂旋转式增湿器进行控制车间湿度,车间温度控制在24 ~ 28℃,相对湿度控制在75% ~ 85%,在这种温湿度下较适合编织织造。

4.3.5 编织张力控制

为了适应高速编织,新型的纬编针织圆机均采用积极式送纱机构。在编织过程中,纱线被织针弯曲并且串套成圈,纱线与针钩接触的开始两者呈90°,纱线在针钩处受到垂直剪切力和在针钩内的滑移摩擦阻力,如纱线张力较大,则剪切应力大,纱线易被切断,因此控制纱线的送纱张力是顺利编织的关键。本实验编织选用的原料不同、细度不同、纱线的强力不同,所以编织时的张力大小不同。就32英支精梳棉纱而言,控制张力需要考虑几个方面:短纤维纱线的捻度所产生的回缩力、编织速度造成针钩对纱线的剪切力、导纱器件的摩擦阻力，如无捻长丝则不用考虑纱线的捻度回缩力。纱线的张力的大小既要满足储纱轮退解点与针钩之间纱线不产生回缩的前提下，张力越小越好。一般控制在3~7g。各种纱线的张力控制见表4-5。

表4-5 各种纱线张力控制

单位：g

样品编号	1	2	3	4
纱线原料	32英支莫代尔纱	32英支精梳棉纱	120旦蛹蛋白丝	120公支/2绢丝
张力值	4.8~5.5g	4.8~5.5g	3~4.5g	4.0~5.1g
样品编号	5	6	7	—
纱线原料	48公支羊毛纱	120公支/2绢丝	120旦人棉	—
张力值	5~6.5g	4.8~5.5g	3~4.5g	—

为了较好地控制编织速度和编织质量，经多次实验得出，丝线的进线张力控制在4.8~5.5g。

4.3.6 织造过程中的技术难点或注意事项

在衬垫组织编织生产过程中，经常会发生一些常见的疵点，本实验的主要疵点有毛丝、翻丝、花针、回捻、抽丝、断氨纶、漏针等，其发生原因及解决方法如下。

4.3.6.1 毛丝

进纱张力过大会导致织针受力增大造成脱圈困难，针舌容易反拨，从而引起丝束的擦伤，俗称发毛或毛面，即丝线的表面单纤维被割断，在织物表面形成毛茸茸的外观效应。解决方法：调整为合适的张力。

4.3.6.2 翻丝

地纱与衬垫纱的张力控制不当，会造成地纱在织物表面翻出反露在面纱之上，出现麻点的效应，织物表面不均匀。解决方法：调整地纱、面纱的张力。

4.3.6.3 花针

编织时，某些针上的线圈没有脱圈，形成不应有的集圈，针织物上呈现不规则的空隙。解决方法：检查更换织针可以消除。

4.3.6.4 回捻

纱线捻度大产生回捻形成辫子织入后形成的疵点。解决方法：适当调大张力消除回捻。

4.3.6.5 抽丝

当采用长丝编织时，织物上局部线圈被拉紧造成的现象。解决方法：检查丝线各个导纱部位的导纱通畅，防止挂丝、堵丝等现象。

4.3.6.6 断氨纶

编织过程中发生氨纶丝断裂的现象，造成织物局部松紧不匀。解决方法：调整氨纶丝送丝张力、检查送丝速度。

4.3.6.7 漏针

编织时由于坏针等因素造成一针或数针脱圈，针织物上呈现小洞或未成圈的纹路。解决方法：生产前检查纱线质量，减少纱线结头的数量及大小；对纱线进行预处理，提高纱线柔软度；生产过程中及时更换坏针。

4.3.6.8 张力不匀

织物下机后由于各路丝线张力不匀而造成布面松紧不匀。解决方法：借助张力仪调整各路纱线的张力，使之均匀。

4.4　本章小结

　　研发绿色环保、柔软舒适和高性价比面料的关键在于产品的织造技术。本章对蚕丝复合面料的织造生产技术进行了分析研究。着重对蚕丝复合面料的原料的选用、组织结构的设计和编织生产工艺进行了研究，并设计试制七种蚕丝复合面料。

　　原料选用：根据面料的风格和服用性能要求，在原料选用时，本实验采用以蚕丝纤维为主要原料进行编织，同时考虑到增加织物的弹性和降低成本，添加了氨纶及其他天然纤维原料。试制的七种蚕丝复合面料，衬垫纱采用绢丝（120公支/2），地纱、面纱分别采用莫代尔（32英支）、精梳棉纱（32英支）、蛹蛋白丝（120旦）、羊毛纱（48英支）、人棉纱（120旦）、绢丝（120公支/2）和20旦氨纶复合纱。

　　组织结构设计：针织物起绒一般采用衬垫组织。衬垫组织是在编织线圈的同时，将一根或几根衬垫纱线按一定的比例在织物的某些线圈上形成不封闭的悬弧，在其余线圈上呈浮线停留在织物的反面。在后整理的过程中对露在织物反面的进行拉毛整理，使衬垫纱成为短绒状，从而达到起绒的目的。细密的绒毛使皮肤触感柔软、舒适，绒毛层含有较多的静止空气可以提高保暖效果。为充分发挥蚕丝纤维健康、护肤、舒适的独特优势，设计时将织物与人体皮肤接触的一面，即织物反面，选用绢丝纤维起绒。

　　编织生产工艺：试制的复合织物组织结构属于针织纬编衬垫组织，不同的面料可以根据面料的风格、使用的用途不同而采用平针衬垫组织、添纱衬垫组织和花色衬垫组织等进行编织。研究的试样选用两种编织方法进行试制，即采用平针衬垫组织和添纱衬垫组织，分别选用在24G/34英寸单面4针道圆机和20G/30英寸单面三跑道针织卫衣圆机上编织。

面料风格特征：蚕丝复合面料成品外观呈现丝绸的柔和光泽，起绒后织物松软，手感舒适、滑爽，织物富有弹性且纵、横向的延伸性减少，织物尺寸稳定性好，不易脱散。添纱衬垫组织织物较平针衬垫组织织物厚实，结构更加稳定，绒毛牢固。

该技术还可应用到多种精细复合针织绸加工中，对针织面料加工技术的提高和服饰产品多样化起到了积极的作用。

5 丝蛋白整理工艺

5.1　概述

从蚕茧到服装穿在人们身上，需经过几十道工序，每道工序几乎都离不开化学助剂，化学助剂是蚕丝纤维二次污染的主要来源。试验研究表明：漂白和染色的丝绸服装的护肤保健和防治皮肤病功能效果差，有的甚至会引起过敏。经分析研究，其主要原因就是染化料、助剂引起二次污染。为此，绿色纺织品面料在生产过程中，要对各工序的染化料助剂进行必要的筛选和控制。

开发舒适、透气性及保湿性优良并具有一定抗静电性、抗菌抑菌性和抗紫外线辐射等功能的复合丝绸面料，另一关键技术在于选择合适的环保的面料整理剂。本研究在面料开发基础上运用丝蛋白整理技术取得了比较好的效果。

5.2　丝蛋白整理剂制备方法

5.2.1　丝蛋白整理剂整理蚕丝织物机理及作用

丝蛋白指的是桑蚕丝的丝素和丝胶。丝蛋白和蚕丝纤维的结构完全一样，都是由天然的蛋白质分子组成，如果采用一定的方法将丝素蛋白完全水解后，可以得到18种氨基酸，这些氨基酸中特别多的是侧链较小的乙氨酸和丙氨酸，其次是丝氨酸和酪氨酸，这4种氨基酸占了总量的绝大多数。若能将丝蛋白这种天然物质处理至织物表面，尤其是贴身内衣表面，对人体护肤保健无疑会产生积极的作用。

丝蛋白整理剂的作用主要体现在以下几个方面：

①应用生物技术去除蚕丝微细孔隙中的杂质和细菌，对纤维表面进行可控刻蚀，增加纤维表空隙和氨基酸上的活性基团。

②调节织物pH，使之与人体皮肤的pH接近。

③活性成分加入蚕丝微细孔隙中，增强了蚕丝织物的护肤保健效果。

④真丝绸经过丝蛋白溶液处理，可以有效提高抗皱性，并且改善织物的增厚、增重性。

通过对蚕丝下脚料降解技术的研究和降解后丝蛋白分子量的控制，开发了适用于纺织品整理的丝蛋白整理剂。该整理剂不仅适用于丝绸整理，多种纺织面料和服饰用其整理后，都能显著改善服用性能。

5.2.2　丝素的结构及性能

5.2.2.1　丝素的基本结构

经过多年研究表明，丝素蛋白的基本结构主要由H链（约5112个氨基酸残基，分子量约300～350ku）、L链（约244个氨基酸残基，分子量约25ku），以及糖蛋白P25（203个氨基酸残基，分子量约23ku，另加3个寡糖链）构成。其中，H链、L链、P25的分子比为H∶L∶P25=6∶6∶1。H链、L链两条链由各自的C末端二硫键相互连接，形成H–L复合体，在复合体H–L中P25糖蛋白以非共价的相互作用加入，构成丝素的基本单位。丝素蛋白分子量约为2286ku，主要存在于绢丝腺细胞、腺腔和茧丝中。

丝素有侧链较小的氨基酸排列成紧密有序的结晶区，以及由侧链较大的氨基酸排列成散乱无序的非结晶区两个区域。其中，甘氨

酸、丙氨酸和丝氨酸的残基组成结晶区，甘氨酸、丙氨酸以外的残
基组成非结晶区。

H链由结晶区和非结晶区段相互交替排列组成，其亲水区域中
存在的Cys残基与L链亲水基中的Cys残基，通过极性基团的相互作
用靠近并缔合在一起。在特定条件下，丝素的卷曲结构与折叠结构
会发生相互转化，其形态可相应地表现为纤维状、膜状、粉状、凝
胶状以及溶液状，并且这些形态之间可以相互转化。丝素是蛋白质
分子结构，属有机含氮高分子化合物，主要由碳、氢、氧、氮等元
素组成。丝素蛋白质分子呈纤维状，不溶于水。在一定条件下，将
丝素完全水解后，可以得到18种a-氨基酸，其中，侧链小的乙氨酸
和丙氨酸和含量占多数，其次是丝氨酸和酪氨酸。丝素蛋白具有优
良的保湿性能和吸湿性能，与皮肤的角朊蛋白亲和性好，生物相容
性也很好。

5.2.2.2　丝素的性质

丝素蛋白具有多孔性，在标准状态下，丝素的吸湿率为
10%～11%，吸水回潮率高。丝素在水中不溶，但吸水后会发生膨
化，同时表现出各向异性。在100℃时，丝素蛋白开始脱水，并且
从175℃开始逐渐失重，颜色也由白变黄，280℃时完全变黑，至
305℃时分解。紫外光会使丝素蛋白变性，并且随着照射时间的增
加泛黄程度也会加剧，尤其是在有水的环境下。某些特殊的盐溶液
能溶解丝素蛋白，比如酸缩，即浓的无机酸使丝素长度收缩；丝素
蛋白耐碱能力差，但优于羊毛的耐碱性；丝素蛋白在碱溶液中会
发生水解，其水解程度受碱的浓度、作用时间及温度等因素的影
响。蛋白酶会使丝素蛋白发生水解，其过程比较温和，水解也比较
彻底。

5.3 丝蛋白质水解原理

5.3.1 膨化溶解

蚕丝蛋白是一类含有多种氨基酸的天然大分子，通过酰胺键链接而成。采用常规的激光拉曼、红外、圆二色谱及X-射线衍射仪对蚕丝纤维进行测定，发现其主要是由β-折叠组成，有晶区，但是可溶解的丝素粉体及蚕丝蛋白的溶液主要表现为无规则的卷曲，且呈现非晶态。研究表明，在氯化钠水溶液中，由于硫酸钙的强烈水化作用，导致蚕丝中的酪氨酸残基与氯离子、钙离子结合，打破了蚕丝蛋白分子间的范德华力和氢键，导致蚕丝蛋白的膨化溶解。同时，还可以将蚕丝蛋白溶于有机溴化锂（LiBr）或锂硫氰化物（LiSCN）中，经过滤和透析，获得含量为4%～8%的丝素蛋白溶液。

5.3.2 水解原理

蚕丝蛋白水解是蚕丝蛋白在化学物质酸、碱或酶等条件下，链接蚕丝蛋白大分子的酰胺键被切断，生成多种多肽或氨基酸类化合物。酶是一种在离开生物体后仍然保持活力的一种生物催化蛋白，具有独特的特点。比如，它具有反应环境温和、无须加热，反应速度快，效率高，催化专一性等特点；比如淀粉酶只能催化淀粉的水解。

酶的催化性具有以下特征。

①不需要加热，反应条件温和；酵素只有在近似于温度及中性的环境下才会发挥功效。在30～50℃范围内，酶活最高，超出一定范围后，酶活力逐渐下降。

②高选择性。例如，蛋白酶仅能对蛋白质进行水解，淀粉酶只

能催化淀粉的水解。

③催化作用高效。与常规催化剂相比，酶促反应速度更快。酶的催化速率可以高出常规催化剂的速率107倍以上。

酸对丝蛋白的水解：在70℃的条件下，在一定的浓度（1~3mol/L）的盐酸作用下（1~2小时），在蛋白水解的中期会产生不同分子量的短肽，其分子量通常小于10000。

5.4 丝蛋白整理工艺及整理效果研究

5.4.1 丝蛋白整理剂主要成分的制备方法

5.4.1.1 物理机械法

将丝素脱胶后，用机械粉碎的方法，将其粉碎至微米最好是纳米级的超细粉末，再将其分散在整理剂中，这种方法在具体实施时会有很多困难，尤其是投入生产时，会导致不易工业化、成本太高等一系列问题。因此，在目前技术水平下不宜采用。

5.4.1.2 化学水解法

丝素蛋白在酸或碱中均可发生分子链断裂的水解作用，生成丝素多肽，或者将丝素溶于中性盐溶液后，经透析除去金属离子后，再用酸或碱将其水解成丝素多肽。

5.4.1.3 生物法

由于生物酶能选择性地使蛋白质肽链发生断裂，选择特定的蛋白酶可以使丝素、丝胶的肽链在特定的位置打开，从而使丝素蛋白质降解成一定分子量的多肽。

用以上方法制得的丝蛋白多肽与交联剂等复合，即成丝蛋白整理剂，根据实际需要可加入适当增稠剂来调节稠度。

5.4.2 丝蛋白整理剂的研制

在以上调研基础上，对酸性水解、碱性水解和中性水解三种制备丝素多肽的方法进行性能和成本对比，发现中性盐溶液法必须透析，生产周期长，成本高。而且用化学和物理方法降解丝素所制得的多肽溶液，分子量分布宽且难以控制。研究发现，作为织物整理剂的丝蛋白溶液，分子量太小利用率低，整理效果难以很好体现；而分子量太大则整理后的织物手感不好，也难以达到理想的效果；只有当分子量在30000左右效果最好。通常所用的酸、碱、盐降解蚕丝蛋白质的方法和物理方法均不能做到这一点，唯有生物方法能使蚕丝蛋白质的肽链在适当的位置切断、并控制肽链的分子量在一定的范围内，有可能控制分子量有30000左右。

研究试验表明，可以采用多酶同步进行酶解的方法，来控制分子量在31000左右；同时使得酶解时间从原来的6个小时缩短到2个小时以内；且能对丝素、丝胶同时进行降解，省去了脱胶工序，茧衣、长吐等高含胶率的原料也能制成丝蛋白整理剂，制成率从原来的60%~70%提高到90%左右。

（1）蛋白酶的选择

生物酶的特点就是具有专一性，每一种酶能打开特定的肽键。由于丝蛋白由十八种氨基酸组成，结构复杂，要制得特定的分子量，选择蛋白酶非常重要，而多酶同步水解常常能达到很好的效果。

（2）酶水解与分子量之间的关系

酶水解过程中，水解时间越长，溶液的澄清度越好。这说明在原来的丝素溶液中还含有不溶的大分子量蛋白质，在酶的作用下，大分子量的蛋白质肽链上氨基酸之间的肽键被打开，形成可溶的小分子蛋白质多肽。所以时间越长，水解越彻底，溶液越澄清。在研究选择蛋白酶时，用不同酶对丝蛋白降解作用效果对比实验。

（3）丝蛋白降解原料

茧衣和长吐。

（4）实验方法与结果

用不同酶降解（所用酶的活性用量相同）。每半小时观察记录一次，结果对比如下：

1#：Ⅱ复合酶

2#：Ⅰ复合酶

3#：Ⅲ蛋白酶

①酶解前，均为乳浊溶液；

②酶解半小时1#即开始出现沉淀，1.5小时后基本酶解，即形成絮片状，溶液基本变清（说明已基本酶解）；而2#、3#无变化；

③2小时后，1#完全酶解，2#、3#未变。2.5小时起，2#开始少量沉淀，3#未变。4小时后，2#基本酶解，3#未变；

④次日早晨观察时，已全部酶解，此时已经过22小时。

（5）结论

采用Ⅱ复合酶对丝素丝胶混合液的降解时间短，得率高；且降解后的分子量为31000左右，对织物整理的效果好，最为理想。

因此，采用Ⅱ复合酶，即碱性蛋白酶等复合酶，并配以整理促进剂、稳定剂等配套助剂完成丝蛋白整理剂制备。

5.4.3 整理工艺

选用丝蛋白整理剂对面料进行整理，整理工艺为：前处理、一浸一轧、预烘和焙烘。通过大量的对比试验和正交试验，得出最佳整理工艺条件：一浸一轧的pH=6，室温下浸渍60min，轧液率为90%；预烘在70℃下进行，3min；焙烘在130℃下进行，时间3min；水洗采用60℃的温度，时间为15min；最后的烘干在60~65℃下进行。

接着将经过后整理的复合织物进行起绒整理，最终得到复合面料。

起绒整理中，车速145r/min，布速12m/min，起两道；回潮率控制在6%～8%，开幅起绒。

5.4.4 整理效果

对最佳工艺条件整理后的织物的各方面性能经过测试得出：织物的干弹提高40°以上，湿弹提高30°以上，这是由于经过以丝素为主的整理剂整理以后，丝绸交联点增多，弹性增加，并且由于丝素整理剂中存在丝素，使丝绸之间的空隙得到了填充，使悬垂性能提高，更由于丝素良好的吸湿性能而使丝绸整体吸湿性提高。此外，整理后织物具有更好的形貌和热稳定性能，热分解温度、热焓都有所提高，抗皱性能增强，表明整理后的织物具有较好的性能。

5.5 本章小结

本章对影响复合面料性能的另一重要因素——面料后整理工序进行了研究，并分析了用于复合面料的丝蛋白整理剂的制备方法、丝蛋白整理工艺和整理效果。通过采用丝蛋白整理剂对复合面料进行整理，能有效提高织物的干、湿弹力及悬垂性、透气量、透湿性和吸湿率等服用性能。

丝蛋白整理剂的制备方法：丝蛋白的结构与蚕丝纤维完全相同，都是由天然蛋白质分子所构成，可以采用酸性水解、碱性水解、中性水解和生物酶降解等方法，将丝蛋白膨化水解。通过四种方法对比试验，得出结论为用生物酶降解法制备丝蛋白整理剂优于其他三种方法。在生物酶降解法试验中，采用碱性蛋白酶对丝素丝胶混合液的降解时间短、得率高；且降解后的分子量为31000左右，对织物整理的效果好。

丝蛋白整理工艺：通过对整理剂浓度的影响、整理剂用量的影响、交联剂和添加助剂的影响、整理温度、时间、pH、浴比、轧液率的影响进行试验，得出最佳工艺条件：焙烘的温度130℃、时间3min、pH=6、轧液率90%左右。

丝蛋白整理剂对织物的整理效果：采用最佳工艺整理后的织物，干弹提高40°以上，湿弹提高30°以上，织物的悬垂性、透湿性、吸湿率和抗皱性都有改善。

6 蚕丝复合面料的服用性能研究

6.1 概述

消费者购买或穿用服装时，最为关注的面料性能是色泽、花纹，面料的手感、悬垂性、抗皱性、起毛起球以及穿着舒适度等内容，所以研究织物的服用性能是纺织面料研究的重要课题。只有当织物具有良好的服用性能，织物和纺织品的开发才具有现实意义。评价织物风格和性能的方法可以利用服用性能仪器测量值，选用合适的数学处理方法或统计方法，给出综合性能值。本章将对上述试制的经过丝蛋白处理的七种蚕丝复合面料的服用性能进行测试，并选用线性回归方法分析结构参数与织物性能之间的关系，在建立回归分析方程时，设织物的结构参数为自变量x，织物服用性能为因变量y。

本章对蚕丝复合面料服用性能的测定，主要考虑舒适性和外观形态两个方面，测试分析蚕丝复合面料的九项服用性能。在舒适性方面，测试织物的保暖性、透湿性、透气性、抗菌抑菌性和抗紫外线辐射；在外观形态方面，测试织物的刚柔性、悬垂性、抗皱性及起毛起球性。

本章所有实验用织物均在标准大气条件下［温度（20±2）℃，相对湿度（65±3）%］平衡24h以上，然后再进行测试。

6.2 蚕丝复合面料服用性能的测试与分析

6.2.1 保暖性测试与分析

织物的保暖性是在有温度梯度的情况下，防止从温度高的一面向温度低的一面传热的特性，其实质为织物保持热能的能力，也可用导热性表示这一特性。织物保暖性是服装穿着舒适性的重要指标之一。

本实验测试方法依据《纺织品　热传递性能试验方法　平板法》（GB/T 35762—2017）测试织物热传递性能。实验时每个样品裁取试样3块，尺寸为30cm×30cm。实验预热时间为30min，实验板温度为36℃，实验循环为5次，实验结果取其算术平均值。

织物隔热保暖性能用克罗值（CLO）表示，克罗值越大，隔热保温性能越好。传热系数与克罗值之间的关系为：

$$CLO = \frac{1}{0.155 \times U_2}$$

式中：CLO为克罗值；U_2为传热系数。

实验结果见表6-1。

表6-1　织物保暖性测试结果

试样编号	传热系数（W/m²·℃）	保温率/%	克罗值/0.155℃·m²/W
试样1	20.24	39.02	0.318
试样2	19.21	40.27	0.335
试样3	29.22	30.71	0.220
试样4	34.18	27.49	0.188
试样5	29.56	30.56	0.218
试样6	28.46	31.37	0.226
试样7	21.30	37.91	0.248

实验表明，蚕丝复合面料的克罗值都在0.1以上，有很好的保暖性能。这是因为纺织品的保暖性能与织物的热传导率密切相关，热传导率越小，服装材料的导热性能越低，保温性越好。蚕丝纤维是多孔隙纤维，静止空气的含量超过30%，热传导率小。据测试，丝绸的热传导率仅为0.042，仅次于静止空气，是被测试纺织品中最小的，见表6-2。因此，丝绸是保温性最好的纺织品之一。而丝针织品又具有良好的毛细管效应，见表6-3。也就是说，丝针织品上的水分最易进行毛细管芯吸传递，使服装在含湿量较高时迅速散发水分，促使散热。夏天穿着丝绸感觉凉快，正是利用了丝绸的这一特点。

表6-2　丝绸与其他织物的热传导率比较

材料	热传导率［kcal/（m·h·℃）］	材料	热传导率［kcal/（m·h·℃）］
丝绸	0.042	静止空气	0.022
羊毛	0.046	腈纶	0.072
棉	0.062	锦纶	0.240
黏胶	0.060	氯纶	0.360

表6-3　丝、棉、毛针织物的毛细管效应

项目	织物种类		
	丝针织物	棉针织物	毛针织物
经向毛效/cm	9.4	2.7	6.5
纬向毛效/cm	10.1	7.0	10.1

蚕丝复合面料可以用作保暖丝绸内衣面料，就是充分发挥蚕丝纤维热传导率低的特点，尽量减少毛细管效应对保暖性的影响。客观上，由于冬天人体排汗少，且保暖丝绸内衣外面穿有外衣，因毛细管的芯吸传递而散发的热量较少；在面料生产工艺上，又采取了针织毛圈面料起绒工艺路线，使蚕丝纤维蓬松和原纤化，以提高保

温性；在后整理上，应用丝蛋白整理剂进行后整理处理，使其有效空隙率增加，更增加了织物的保暖性。

此外，蚕丝复合面料的保暖性与织物厚度、平方米克重、组织紧密度及毛圈高度和起绒程度均有密切的关系。根据试验测得的数据，建立织物结构参数与保温率之间的散点图和拟合曲线（图6-1～图6-3），回归分析结果见表6-4和表6-5。

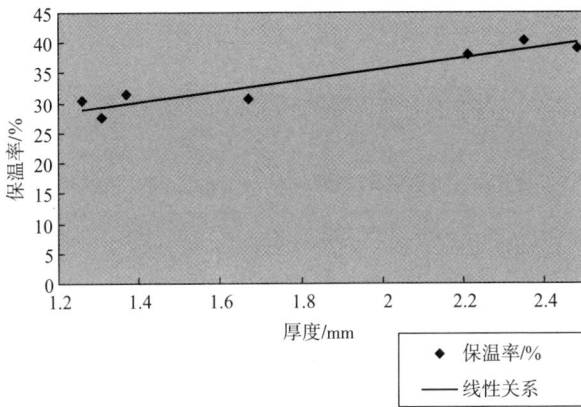

图6-1　保温率与织物厚度之间的关系

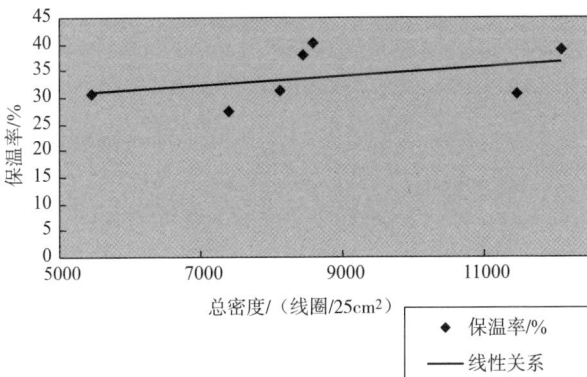

图6-2　保温率与织物总密度之间的关系

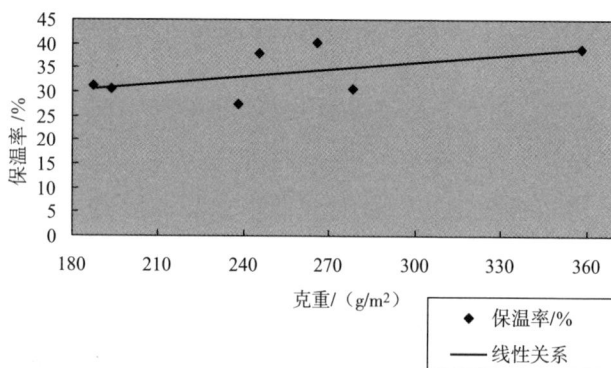

图6-3 保温率与织物克重之间的关系

表6-4 保温率与织物结构参数的回归分析结果

织物结构参数	回归统计			方差分析			
	复相关系数	0.948312	自由度	离差平方和	均方	F值	F值的显著性
	判定系数	0.899295	回归分析 1	136.4159	136.4159	44.65016	0.001134483
厚度	调整后的判定系数	0.879154	残差 5	15.27608	3.055216		
	标准误差	1.747918	总计 6	151.6919714			
	观测值	7					
总密度	复相关系数	0.394291	自由度	离差平方和	均方	F值	F值的显著性

148

续表

织物结构参数	回归统计		方差分析					
总密度	判定系数	0.155466	回归分析	1	23.58288	23.58288	0.920422	0.3814255
	调整后的判定系数	−0.01344	残差	5	128.1091	25.62182		
	标准误差	5.0618	总计	6	151.6919714			
	观测值	7						
克重	复相关系数	0.557633	自由度		离差平方和	均方	F值	F值的显著性
	判定系数	0.310954	回归分析	1	47.16925	47.16925	2.256412	0.193372523
	调整后的判定系数	0.173145	残差	5	104.5227	20.90454		
	标准误差	4.572149	总计	6	151.6919714			
	观测值	7						

表6-5　保温率与织物结构参数之间的回归方程

织物结构参数	回归方程	判定系数	回归类型
厚度	$y=9.0485x+17.552$	0.948	线性
总密度	$y=0.0009x+26.302$	0.394	线性
克重	$y=0.0486x+21.644$	0.558	线性

　　从织物结构参数与保温率之间的拟合曲线及回归分析可以看出，织物结构参数与织物保暖性之间呈正相关关系，随着织物厚度、总密度及克重的增加，织物的保温性能提高。

6.2.2　透气性测试与分析

　　织物透气性是指织物透过空气的能力，是织物的服用、卫生性能之一。夏季服装应具有较好的透气性，有利于散热降温。而冬日用的织物透气性应该较小，以保证衣服具有较好的防风性能，防止热量的大量散发。

　　织物的透气性用透气率来表示，据《纺织品　织物透气性的测定》（GB/T 5453—1997）规定，透气率为织物两面在规定的压差下，单位时间内，垂直通过织物单位面积的气流流量，单位为$L/(m^2 \cdot s)$。透气率越大表示织物的透气性越好。

　　本试验采用YG461D型织物透气量仪。压差为100Pa，试验面积为20cm^2；用大块试样测试，同一样品的不同部位测试10次，实验结果取其算术平均值，具体结果见表6-6。

表6-6　织物的透气性测试结果

试样编号	试样1	试样2	试样3	试样4	试样5	试样6	试样7
喷嘴号数	3	3	4	4	6	5	4
透气率/ ($L/m^2 \cdot s$)	176.20	141.40	409.23	594.03	1047.01	664.01	228.23

　　根据试验测得的数据建立织物结构参数与透气性的散点图和拟合曲线（图6-4、图6-5），回归分析结果见表6-7和表6-8。

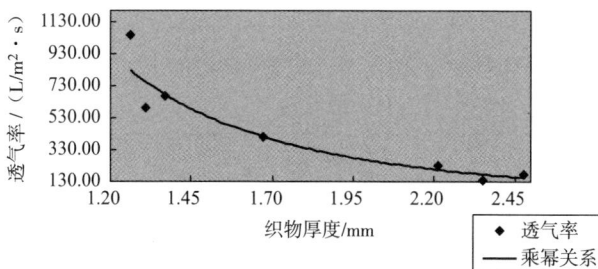

图6-4　透气性与织物厚度之间的关系

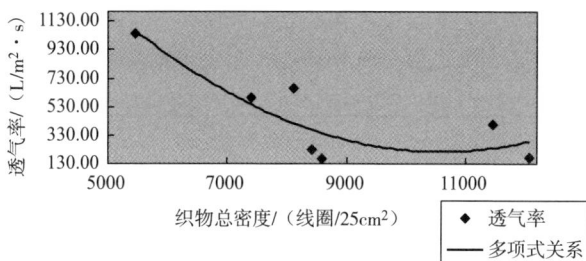

图6-5　透气性与织物总密度之间的关系

表6-7　透气性与织物结构参数的回归分析

织物结构参数	回归统计		方差分析					
厚度	复相关系数	0.896411		自由度	离差平方和	均方	F值	F值的显著性
	判定系数	0.803554	回归分析	1	516105.1	516105.1	20.45223	0.006268972
	调整后的判定系数	0.764264	残差	5	126173.3	25234.66		

织物结构参数	回归统计		方差分析				
厚度	标准误差	158.8542	总计	6	642278.3566		
	观测值	7					
总密度	复相关系数	0.708408	自由度	离差平方和	均方	F值	F值的显著性
	判定系数	0.501842	回归分析	1	322322.2	322322.2	5.036973	0.07480799
	调整后的判定系数	0.40221	残差	5	319956.2	63991.24		
	标准误差	252.9649	总计	6	642278.3566		
	观测值	7					

表6-8 透气性与织物结构参数之间的回归方程

织物结构参数	回归方程	判定系数	回归类型
厚度	$y=1468.1x^{-2.4805}$	0.994	乘幂
总密度	$y=3E-05x^2-0.6865x+3849$	0.737	二元多项式

织物的透气性取决于织物中的孔隙大小及多少，即织物的密度及厚度对透气性有最直接的影响。从织物结构参数与透气性之间的拟合曲线及回归分析可以看出，织物厚度和总密度与织物透气性之间呈负相关关系，随着织物厚度、总线密度增加，织物的透气性减少。另外，纱线细度越细，捻度越大，织物的透气性提高；纱线毛羽越多，导致纱线的横截面增大，由此产生的空气阻力大，透气性下降。再者，纤维性能也影响织物透气率。

透气性实验结果：试样5＞试样6＞试样4＞试样3＞试样7＞试样

1>试样2，符合织物结构参数与透气性之间的回归规律。因为试样5织物总密度最小，即结构较松散，且由于羊绒纤维具有天然卷曲，松软蓬松，因而其透气性最好；试样6织物总密度仅次于试样5，其透气性也次之；试样3的总密度虽然大于试样7，试样1的总密度大于试样2，但在纱线捻度、纱线毛羽和织物厚度等各影响因素综合作用下，使织物透气性呈现试样3>试样7>试样1>试样2。

6.2.3　透湿性测试与分析

织物的透湿性可以用透湿量表示，透湿量是指在织物两面分别存在恒定蒸汽压的条件下，在规定时间内通过单位面积织物的水蒸气质量。织物透气性是衡量织物卫生服用性能的重要指标。

本书采用透湿杯法测试蚕丝针织起绒织物的透湿性能，测试方法参照《纺织品　织物透湿性试验方法　第1部分：吸湿法》（GB/T 12704.1—2009），计算出透湿量。透湿量越大，透湿性越好。试样透湿量按下式计算：

$$WVT = \Delta m / \left[S \times (t/24) \right]$$

式中：WVT为每平方米每天（24h）的透湿量 $\left[g/ (m^2 \cdot 24h) \right]$；$\Delta m$为同一试验组合体两次称量之差（g）；$S$为试样实验面积（$m^2$）；$t$为试验时间（h）。

试样直径为70mm，每种织物取3个试样，实验结果取其算术平均值，测试结果见表6-9。

表6-9　织物透湿性测试结果

试样编号	试样1	试样2	试样3	试样4	试样5	试样6	试样7
透湿量/ $\left[g/ (m^2 \cdot 24h) \right]$	3498.6	3436.2	3716.8	3791.7	3654.5	3804.1	3525.3

根据试验测得的数据建立织物厚度与透湿量的散点图和拟合曲

线如图6-6所示，回归分析结果见表6-10和表6-11。

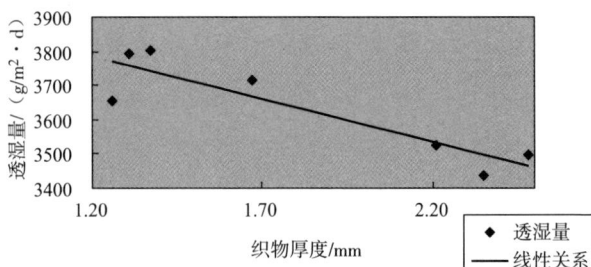

图6-6 透湿量与织物厚度之间的关系

表6-10 透湿量与织物厚度的回归分析结果

织物结构参数	回归统计		方差分析					
厚度	复相关系数	0.896135		自由度	离差平方和	均方	F值	F值的显著性
	判定系数	0.803058	回归分析	1	104667.7	104667.7	20.38817	0.006309926
	调整后的判定系数	0.763669	残差	5	25668.73	5133.747		
	标准误差	71.65017	总计	6	130336.4171			
	观测值	7						

表6-11 透湿量与织物结构参数之间的回归方程

织物结构参数	回归方程	判定系数	回归类型
厚度	$y=-250.64x+4085.4$	0.8031	线性

从织物厚度与透湿量之间的拟合曲线及回归分析可以看出，织物厚度与透湿量之间呈负相关关系，随着织物厚度增加，织物的透湿量减少。

由于气态水通过织物的传递主要分为两方面：一方面是纤维内部分子的吸、放湿，另一方面是通过纤维、纱线间的空隙渗透。因此，织物透湿量除了与织物结构有关，还与织物原料有密切关系。

蚕丝纤维具有优良的吸、放湿性，标准回潮率为11%，比表面积高达140m²/g，而且其放湿速度比棉、羊毛要快得多。丝绸从含水率70%降到20%需71min，而棉需84min，羊毛需136min。因此，蚕丝、蛋白丝纤维含量多的面料吸、放湿性能要好一些。

总之，织物结构越紧密、厚度越厚、放湿性能越差的织物，其透湿性越差。由表6-9可知，织物的透湿性 试样6＞试样4＞试样3＞试样5＞试样7＞试样1＞试样2。

6.2.4　抗菌抑菌性测试及分析

纺织品防菌性是服装卫生功能之一。经织物抗菌性能试验标准《抗菌针织品》（FZ/T 73023—2006）附录 D 抗菌织物测试方法检测，蚕丝复合面料的抗菌抑菌作用效果比普通丝绸高30%～50%。真丝绢绒在织物半径外分别为1mm和2mm内对金黄葡萄球菌和大肠杆菌有抑菌作用，而同类丝绸在织物半径外别为3mm和4mm内有抑菌作用。蚕丝复合面料对金黄葡萄球菌、大肠杆菌的抑菌率均为99%以上。

蚕丝复合面料具有独特的抗菌抑菌性能的原因在于：

①蚕丝纤维中的氨基酸本身有抗菌抑菌作用。丝绸中的氨基酸对多种细菌有抗菌抑菌作用，特别是占丝素氨基酸总量42%的甘氨酸，其对枯草杆菌、芽孢杆菌、腐败杆菌和大肠杆菌均具有较高的抑菌杀菌作用。

②蚕丝本身具备优越的吸湿、放湿性能，能提供人体舒适的服装微气候，而在舒适的微气候下，皮肤能保持适干状态，抑制了菌类的生长和繁殖，减少细菌的侵入，从而能在一定程度上减轻或防止皮肤病，表现出舒适、保健的功能。

③蚕丝复合面料具有蓬松多孔的结构，蚕丝多孔隙性的蛋白质纤维有较强的吸附性，加上微原纤对皮肤有类似于扫帚的清扫作用，皮肤分泌物、汗渍及皮肤表面的细菌能迅速被其吸附并转移，从而使人体皮肤保持清洁适干，同时减少了细菌繁殖的机会。

④蚕丝复合面料为弱酸性，经测试，其pH为6左右，弱酸性环境有利于抑制细菌繁殖。

6.2.5　抗紫外线辐射

太阳光线含有大量的紫外线。紫外线按照按波长分三个波段，紫外线A（UVA）、紫外线B（UVB）和紫外线C（UVC），UVA能穿透皮肤的真皮层，对皮肤和眼睛伤害很大，容易引起皮肤老化、起皱、黑斑以及眼疾；UVB比UVA较浅地穿透到表皮，但比UVA危害性更大，可引起DNA破坏，导致过敏和慢性反应，引起皮肤红肿；UVC对皮肤和眼睛都很危险，但由于大气层的吸收，无UVC可达地球。因此，织物是否具有抗紫外线能力是衡量其卫生保健性能的重要指标之一。织物抗紫外线能力用UPF—紫外线防护系数评定，UPF值越高，说明紫外线的防护效果越好。国家标准中纺织品的UPF值最高的标识是50+，也就是UPF＞50。因为UPF＞50以后，对人体的影响完全可以忽略不计。

本实验法参照国标《纺织品　防紫外线性能的评定》（GB/T 18830—2009），用UV-1000系列紫外透过分析仪测试织物的紫外线透过率及UPF值，选用测试蚕丝复合面料在紫外线290～400nm的透过率。经检测，各种蚕丝复合面料紫外线透过率均小于1%，UPF＞

50，见表6-12。

试验表明，各种蚕丝复合面料具有较好的抗紫外线辐射功能。主要原因在于：丝绸中的酪氨酸和色氨酸具有较强的吸收紫外线的功能，酪氨酸、色氨酸能与紫外线发生光化反应，阻挡和减少阳光中的紫外线对人体的侵害。丝绸的泛黄现象，正是由于蚕丝中的酪酪氨酸、色氨酸发生光化反应的结果，丝绸以自身的泛黄起到了对皮肤的保护作用。

表6-12　织物抗紫外线辐射

试样编号	平均透过率/%		UPF
	UVA	UVB	
试样1	0.27	0.15	50+
试样2	0.37	0.12	50+
试样3	0.12	0.11	50+
试样4	0.13	0.10	50+
试样5	0.54	0.24	50+
试样6	0.68	0.52	50+
试样7	0.37	0.13	50+

此外，由于蚕丝复合面料的微细孔隙特别多，照射到织物上的紫外线除吸收和镜面反射外，漫反射的紫外线也比其他织物多得多，因此具有很好的抗紫外线能力。

6.2.6　抗弯刚度测试与分析

织物的刚柔性，是指织物的抗弯刚度和柔软度，是影响织物手感的重要因素之一。抗弯刚度是指织物抵抗其弯曲方向形状变化的能力，用来评价相反的特性——柔软度，抗弯刚度数值越大表示织物越挺括。织物的刚柔性是影响织物手感的重要因素。

采用斜面法测得刚柔性的评价指标如下：

①弯曲长度：弯曲长度数值越大，表示织物越硬挺而不易弯曲。

②弯曲刚度：是单位宽度的织物所具有的抗弯刚度，随织物的厚度而变化，弯曲刚度越大，表示织物越刚硬。

本实验参照国标《纺织品　弯曲性能的测定第1部分：斜面法》（GB/T 18318.1—2009），采用斜面法测量织物的弯曲长度；所用仪器为LLY—01电子硬挺度仪，仪器测试角度为41.5。裁取200mm×250mm的试样，每一块试样左右两端及正反面各测l次，即一块试样共测4次，每种织物纵、横向各取3块，实验结果取其算术平均值，见表6-13。

表6-13　织物抗弯刚度测试结果

试样编号		织物抗弯刚度		
		弯曲长度/cm	经纬向抗弯刚度/（cN·cm）	总抗弯刚度/（cN·cm）
试样1	经向	1.02	3.78×10^{-1}	0.355
	纬向	0.98	3.35×10^{-1}	
试样2	经向	1.02	2.86×10^{-1}	0.202
	纬向	0.81	1.43×10^{-1}	
试样3	经向	0.78	1.31×10^{-1}	0.109
	纬向	0.69	9.10×10^{-2}	
试样4	经向	0.69	1.11×10^{-1}	0.085
	纬向	0.58	6.58×10^{-2}	
试样5	经向	0.65	5.42×10^{-2}	0.032
	纬向	0.46	1.92×10^{-2}	
试样6	经向	0.72	7.36×10^{-2}	0.056
	纬向	0.60	4.26×10^{-2}	
试样7	经向	1.05	2.86×10^{-1}	0.142
	纬向	0.66	7.11×10^{-2}	

根据试验测得的数据建立织物结构参数与抗弯刚度的散点图和拟合曲线分别如图6-7、图6-8所示，回归分析结果见表6-14和表6-15。

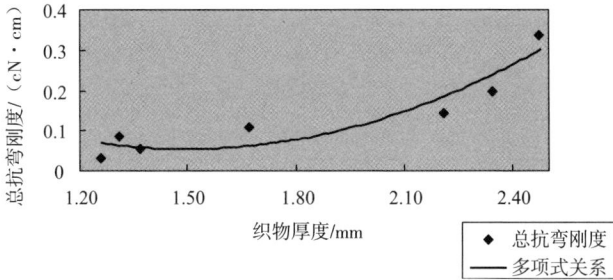

图6-7 抗弯刚度与织物厚度之间的关系

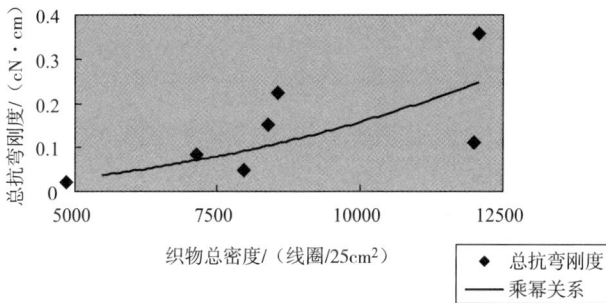

图6-8 抗弯刚度与织物总密度之间的关系

表6-14 抗弯刚度与织物厚度的回归分析结果

织物结构参数	回归统计		方差分析					
厚度	复相关系数	0.880275	自由度	离差平方和	均方	F值	F值的显著性
	判定系数	0.774884	回归分析	1	0.056395	0.056395	17.21075	0.008922324

织物结构参数	回归统计		方差分析					
厚度	调整后的判定系数	0.729861	残差	5	0.016384	0.003277		
	标准误差	0.057243	总计	6	0.072778857			
	观测值	7						
总密度	复相关系数	0.728281		自由度	离差平方和	均方	F值	F值的显著性
	判定系数	0.530393	回归分析	1	0.038601	0.038601	5.647204	0.063448534
	调整后的判定系数	0.436472	残差	5	0.034177	0.006835		
	标准误差	0.082677	总计	6	0.072778857			
	观测值	7						

表6-15 抗弯刚度与织物结构参数之间的回归方程

织物结构参数	回归方程	判定系数	回归类型
厚度	$y=0.2567x^2-0.7681x+0.6287$	0.8603	二元多项式
总密度	$y=4\text{E}-11x^{2.3906}$	0.6352	乘幂

从织物结构参数与抗弯刚度之间的拟合曲线及回归分析可以看出，织物厚度和总密度与织物抗弯刚度之间呈正相关关系，随着织物厚度、总密度的增加，织物的抗弯刚度显著增加。由于试样1

的总密度和厚度最大，所以其抗弯刚度最大，试样5、试样6相对较小。

另外，针织物的基本结构单元是线圈，所以纱线的弯曲刚度与织物的弯曲刚度关系密切。由表6-13可知，织物的经向弯曲刚度要大于纬向抗弯刚度。

6.2.7　悬垂性测试与分析

弯曲刚度反映的是织物在某个方向上的弯曲性能，但由于织物结构的不同，在各个方向上其弯曲性能也不尽相同。为了表达织物在各个方向的抗弯性能，采用悬垂性指标。

悬垂性主要反映织物因自重而下垂的性能，一般采用伞式法测定，通过描述织物悬垂程度的指标，即悬垂系数表示。悬垂系数指织物下垂部分的投影面积与其原面积之比的百分率。悬垂系数越小织物越柔软，悬垂效果越好。悬垂性好的织物面料能充分显示服装的轮廓美感。悬垂系数按下式计算：

$$F = \frac{(S_3 - S_2)}{(S_1 - S_2)} \times 100\%$$

式中：S_1 为试样面积；S_2 为夹持盘面积；S_3 为试样的投影面积。

本实验用YG811型织物悬垂性测定仪进行试验。检验依据：《织物悬垂性试验方法》（FZ/T 01045—1996）。试验方法：伞式测定法，所截布样为直径24cm。试验过程：将一定面积的圆形织物试样放在一定直径的小夹持盘上，织物因自重下垂，在小夹持盘周围呈均匀折叠状。从位于抛物面镜焦点的光源发出的光经放射呈平行光线照射在试样上，得到一水平投影图，通过光电转换直接读出或分析计算求得悬垂系数，以表征织物的悬垂性能。七种风格织物的悬垂性测试数据见表6-16。

表6-16　织物悬垂性测试结果

试样编号	试样1	试样2	试样3	试样4	试样5	试样6	试样7
织物悬垂系数/%	50	48	28	23	23	20	45

20世纪60年代初，英国学者库西克（Cusick）对织物悬垂性进行了详尽的研究，根据库西克的试验，他认为织物的弯曲刚度是决定悬垂系数的第一重要因素。根据试验测得数据，建立的织物悬垂性与抗弯刚度散点图和拟合曲线如图6-9所示，回归分析结果见表6-17和表6-18。

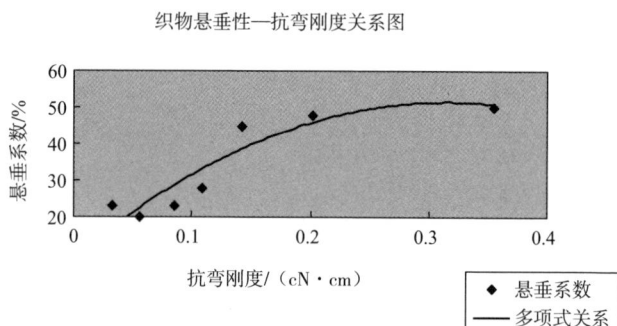

图6-9　织物悬垂性与抗弯刚度之间的关系

表6-17　悬垂性与抗弯刚度的回归分析结果

参数内容	回归统计			方差分析				
				自由度	离差平方和	均方	F值	F值的显著性
抗弯刚度	复相关系数	0.857539						
	判定系数	0.735373	回归分析	1	769.8302	769.8302	13.8945	0.013605653
	调整后的判定系数	0.682447	残差	5	277.0269	55.40538		

参数内容	回归统计		方差分析		
抗弯刚度	标准误差	7.443479	总计	6	1046.857143
	观测值	7			

表6-18　悬垂性与抗弯刚度之间的回归方程

参数内容	回归方程	判定系数	回归类型
抗弯刚度	$y=-433.62x^2+272.63x+8.675$	0.8585	二元多项式

从织物悬垂性与抗弯刚度之间的拟合曲线及回归分析可以看出，织物的悬垂性直接与刚柔性能有显著的正相关关系，弯曲刚度大的织物，悬垂性较差。

6.2.8　抗皱性测试与分析

织物的抗皱性（又称"折痕回复性"）是指织物使用过程中抵抗皱褶形成的能力，它是织物外观保持性的一个重要指标。抗皱性通常用折皱回复角来表示，折皱回复角是指一定形状和尺寸的试样，在规定的条件下被折叠，并在规定的负荷下保持一定时间，折痕负荷卸除后，试样折痕回复的角度。如果折皱回复角越大，表明织物抗皱性能越好，反之，折皱回复角越小，织物抗皱性越差，织物越容易起皱变形，影响外观。

本实验参照国标《纺织品　织物折痕回复性的测定　回复角法》（GB/T 3819—1997）。所用仪器为YG541织物折皱弹性测试仪，加压重量为500g，承压面积为18mm×15mm，承压时间为5min；每种织物裁剪10个试样，纵、横向各5个，分别计算纵、横向折皱回复角的算术平均值，以及总折皱回复角，测试结果见表6-19。

表6-19　织物抗皱性测试结果

试样编号	折痕回复角/（°）		
	经向	纬向	经向+纬向
试样1	70	208	278
试样2	81	129	220
试样3	66	112	178
试样4	81	143	224
试样5	80	138	218
试样6	79	136	215
试样7	70	133	203

　　根据试验测得的数据建立织物结构参数与抗皱性的散点图和拟合曲线（图6-10~图6-12），回归分析结果见表6-20。

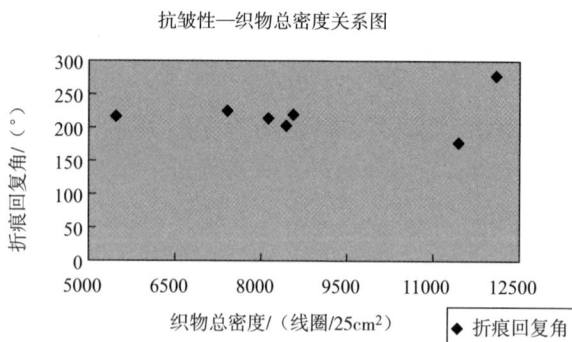

图6-10　抗皱性与织物总密度之间的关系

　　从织物结构参数与抗皱性之间的拟合曲线及回归分析可以看出，织物密度和厚度与抗皱性之间呈不完全相关关系。这是因为影响抗皱性的因素除了织物密度和厚度，还有纤维的弹性、纱线的细度、捻度、织物的组织结构等其他因素。一般地，若纤维较粗、拉伸弹

抗皱性—织物厚度关系图

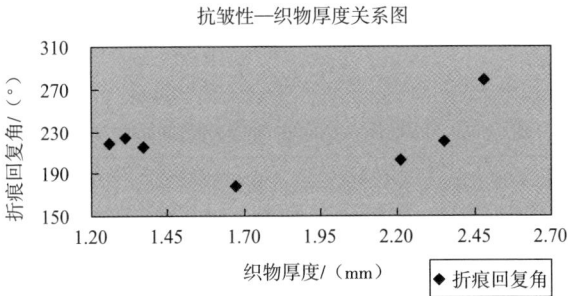

图6-11　抗皱性与织物厚度之间的关系

纵横向抗皱性—纵横向密度关系图

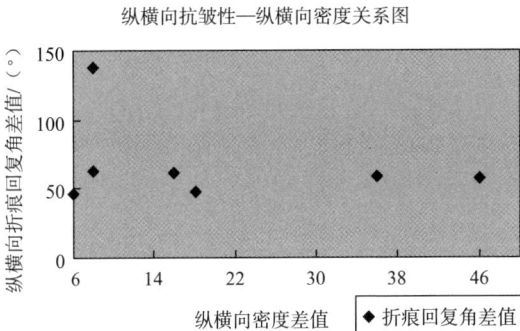

图6-12　纵横向抗皱性差值与织物纵横向密度差值的关系

性回复率大、初始模量高，织物厚度和密度大，则织物的抗皱性好。由于试样1织物不仅密度和厚度都最大，而且纱线主要原料为初始模量较大的莫代尔纤维，因此试样1的抗皱性最好；试样5织物虽然密度和厚度最小，但由于其纱线主要原料为具有优异弹性回复率的羊绒纤维，所以试样5织物的折皱回复角较大，抗皱性也较好。另外，从以上"纵横向抗皱性与纵横向密度关系"图和表分析得出，织物纵横向折痕回复角差值与纵横向密度差值，虽然呈不完全相关关系，但其值总大于0，这表明，如果织物的纵密大于横密，织物的纬向折皱回复角要大于经向。这主要是如果纵密大于横密，则织物在纵向方向上纱线之间就容易产生挤压，纤维之间的摩擦也会增加，这样的摩擦作用会对织物的折痕回复性产生消极作用，因此织物的纵向折皱回复角较小。实验测试结果也证明了这一点。

表6-20　抗皱性与织物结构参数的回归分析结果

织物结构参数	回归统计		方差分析					
总密度	复相关系数	0.216882	自由度		离差平方和	均方	F值	F值的显著性
	判定系数	0.047038	回归分析	1	256.8123	256.8123	0.246797	0.640408095
	调整后的判定系数	−0.14355	残差	5	5202.902	1040.58		
	标准误差	32.25803	总计	6	5459.714286			
	观测值	7						
厚度	复相关系数	0.411303	自由度		离差平方和	均方	F值	F值的显著性
	判定系数	0.16917	回归分析	1	923.6188	923.6188	1.018077	0.359281902
	调整后的判定系数	0.003004	残差	5	4536.096	907.2191		
	标准误差	30.12008	总计	6	5459.714286			
	观测值	7						
纵横向密度差值	复相关系数	0.289853	自由度		离差平方和	均方	F值	F值的显著性
	判定系数	0.084015	回归分析	1	509.4432	509.4432	0.458605	0.528336949
	调整后的判定系数	−0.09918	残差	5	5554.271	1110.854		
	标准误差	33.32948	总计	6	6063.714286			
	观测值	7						

6.2.9 起毛起球性测试与分析

　　起毛起球性也是织物外观保持性的一个重要指标。起毛起球性指的是织物在服用过程中，其表面的绒毛或单丝因各种外力的作用而逐渐拉出，导致织物表面出现大量绒毛，在外力摩擦的继续作用下，绒毛纠缠成球并凸起在织物表面，这种现象称为织物的起毛起球性。织物起毛起球会影响织物的服用性和美观性。因此，在研发服装面料时，要充分考虑影响面料起毛起球的因素，提高面料的抗起毛起球性。织物起球试验仪器有多种，本实验采用适用于大多数织物的圆轨迹法。

　　本实验所用仪器为YG502型织物圆轨迹起毛起球仪，试验标准参照国标《纺织品　织物起毛起球性能的测定　第1部分：圆轨迹法》（GB/T 4802.1—2008）。每种织物裁剪直径为120mm的圆形试样，选用780cN的压力对试样加压，各种织物摩擦600次之后，试样起毛起球情况如图6-13～图6-16所示，起毛起球等级见表6-21。

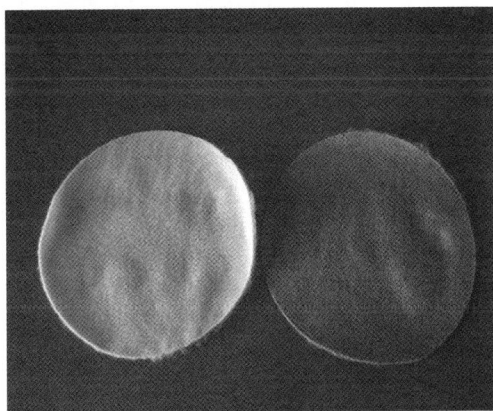

图6-13　试样1和试样2起毛起球情况

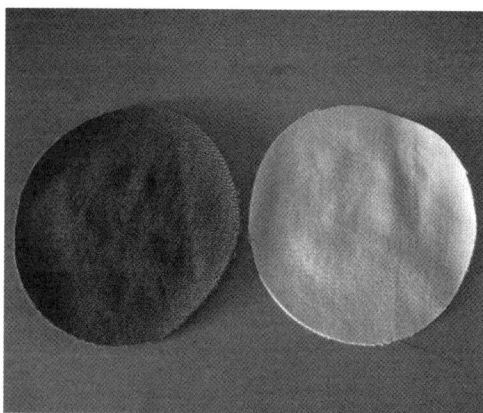

图6-14　试样3和试样4起毛起球情况

图6-15　试样5和试样6起毛起球情况

表6-21　织物起毛起球等级测试结果

试样编号	试样1	试样2	试样3	试样4	试样5	试样6	试样7
起毛起球性/级	4	3～4	4～5	4	3	2～3	3～4

从实验中得出，试样6纯蚕丝织物的抗起球性能最差，起毛起球

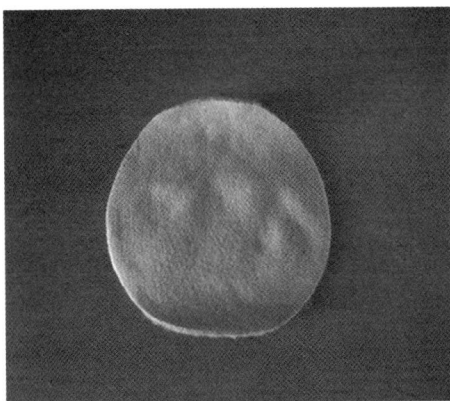

图6-16　试样7起毛起球情况

等级为2~3级，当织物中加入氨纶纤维后，织物的起毛起球性能得到改善，比如试样4，起毛起球等级提升至4级。影响织物起毛起球的因素有很多，主要有纤维品种、工艺参数、织物结构和染整加工条件等。一般地，随着织物密度的增加，起球现象能显著改善；随着平方米重量增加，起球数减少。试样1、试样3和试样4的总密度和平方米克重较大，所以耐起毛起球性能较好。

6.3　纯蚕丝面料与复合面料的相对性能比较

为进一步分析纤维原料对织物性能的影响，尤其是分析比较试制的纯蚕丝织物的服用性能与蚕丝复合织物的服用性能，采用相对性能比较法，即通过单位织物重量下的性能（性能值/单位织物重量），分析说明纤维差异性对性能影响，对比分析7种面料的相对性能。

根据本书对面料服用性能测定的两个主要方面性能指标——舒适性和外观形态的情况，采用性能相对比较法，即性能值/单位织物重量的方法，在舒适性方面，主要分析比较织物的保暖性、透湿性、透气性和抗紫外线辐射相对性能；在外观形态方面，主要分析比较织物的刚柔性、悬垂性、抗皱性及起毛起球性能。分析见表6-22和表6-23。

表6-22　舒适性方面相对性能比较

试样编号	原料（地纱、面纱）	相对保暖系数/%	相对透气率/（L/m²·s）	相对透湿量/（g/m²·24h）	相对紫外线防护系数/UPF
试样1	32英支莫代尔+20旦氨纶	0.109	0.492	9.772	0.140
试样2	32英支精梳棉纱+20旦氨纶	0.151	0.532	12.927	0.188
试样3	120旦蛹蛋白丝+20旦氨纶	0.110	1.471	13.360	0.180
试样4	120公支/2绢丝+20旦氨纶	0.116	1.236	15.943	0.210
试样5	48英支羊毛	0.158	5.406	18.871	0.258
试样6	120公支/2绢丝	0.168	3.549	20.331	0.267
试样7	120旦人棉纱+20旦氨纶	0.154	0.930	14.364	0.204

从表6-22可以看出，在面料舒适性方面，除了相对透气率指标，其他指标试样6纯蚕丝织物都是最高的，这说明在舒适性方面，纯蚕丝织物有很大优势。其次是羊毛复合面料，相对透气指标大于纯蚕丝，其他舒适性指标仅次于纯蚕丝，具有很好的舒适性。

表6-23　外观形态方面相对性能比较

试样编号	（地纱、面纱）原料	相对总抗弯刚度/（cN·cm）	相对织物悬垂系数/%	相对折痕回复角/（°）	相对起毛起球性/级
试样1	32英支莫代尔+20旦氨纶	0.0010	0.140	0.776	4
试样2	32英支精梳棉纱+20旦氨纶	0.0008	0.181	0.828	3~4

试样编号	（地纱、面纱）原料	相对总抗弯刚度/（cN·cm）	相对织物悬垂系数/%	相对折痕回复角/（°）	相对起毛起球性/级
试样3	120旦蛹蛋白丝+20旦氨纶	0.0004	0.101	0.640	4~5
试样4	120公支/2绢丝+20旦氨纶	0.0004	0.097	0.942	4
试样5	48英支羊毛	0.0002	0.119	1.126	3
试样6	120公支/2绢丝	0.0003	0.107	1.149	2~3
试样7	120旦人棉纱+20旦氨纶	0.0006	0.183	0.827	3~4

从表6-23可以看出，在面料外观形态方面，除了相对折痕回复角试样6纯蚕丝织物的值是最高的，其他项目的试样6的值并不是最高或最低的。这说明，复合面料的其他外观形态方面性能优于纯蚕丝面料，尤其是耐抗起毛起球性能，蚕丝与氨纶复合之后，其织物耐抗起毛起球性能明显增加。

6.4 本章小结

面料的服用性能是决定服装质量和穿着体感的关键因素，面料服用性能的改善和提升对于满足人们对高品质服装的需求至关重要。服用性能主要包括舒适性和外观形态两个方面。本章测试分析了蚕丝复合面料的九项服用性能，并选用线性回归方法分析了结构参数与织物性能之间的关系，用性能值/单位织物重量的相对比较法，对试制的纯蚕丝面料与复合面料的相对性能进行了分析比较。

通过测试分析蚕丝复合面料保暖性、透湿性、透气性、刚柔性、悬垂性、抗皱性、起毛起球性、抗菌抑菌性和抗紫外线辐射九项服用性能，实验结果表明：试制的面料具有优良的保暖性、透气性、透湿性和抗皱性能，并具有一定抗静电性、抗菌抑菌性和抗紫外线辐射等功能。

选用线性回归方法，从拟合曲线及回归分析得出，蚕丝复合面料的服用性能与织物结构参数之间有密切的关系。即：织物结构参数与织物保暖性、抗弯刚度和悬垂性之间呈正相关关系；织物结构参数与织物透气性、透湿量之间呈负相关关系；织物密度和厚度与抗皱性之间呈不完全相关关系。另外，织物的各项服用性能除受结构参数影响之外，还受原材料的性质、纱线特性、织物组织、织造工艺和后整理加工等因素的影响。

通过对纯蚕丝面料与复合面料的相对性能比较分析得出：在面料舒适性能方面，纯蚕丝织物具有很大优势，具有优良的保暖性、透湿透气性和抗紫外线辐射功能，其次是羊毛复合织物，其舒适性指标仅次于纯蚕丝织物；在外观形态方面，复合面料要优于纯蚕丝面料，尤其是耐抗起毛起球性能，蚕丝与氨纶复合之后，其织物抗起毛起球性能明显增加。

7 总结与展望

7.1　总结

为了适应国内外市场对健康、舒适和环保的高新技术纺织品的需求，提高丝绸产品附加值和性价比，丰富丝绸产品，开发丝绸在不同季节的消费群体，满足人们对高品质生活的需求，我们对优化蚕丝复合面料功能的生产技术以及性能进行了研究和实践。

首先，本书介绍了纺织纤维的种类和基本性能特点、织物的加工方法和生产技术，通过对蚕丝复合面料纤维原料的选择、组织结构的设计和针织编织生产工艺的研究，设计并试制绢丝/氨纶/绢丝、莫代尔/氨纶/绢丝、精梳棉纱/氨纶/绢丝、蛹蛋白丝/氨纶/绢丝、人棉纱/氨纶/绢丝、羊毛/绢丝等蚕丝复合面料和纯蚕丝面料。其次，对影响复合面料性能的另一重要因素——面料后整理工序进行了研究，分析了用于复合面料的丝蛋白整理剂的制备方法、丝蛋白整理工艺和整理效果。通过采用丝蛋白整理剂对复合面料进行整理，能有效提高织物的干、湿弹力及悬垂性、透气量、透湿性和吸湿率等服用性能。再次，从舒适性和外观形态两方面对织物进行了性能测试并选用线性回归方法分析了织物结构参数与织物性能之间的关系，在舒适性方面测试并分析了织物的保暖性、透湿性、透气性、抗菌抑菌性和抗紫外线辐射；在外观形态方面测试并分析了织物的刚柔性、悬垂性、抗皱性及起毛起球性能。最后，通过性能值/单位织物重量的比较，对试制的复合面料与纯蚕丝面料的相对性能进行分析。测试和分析结果表明，开发的蚕丝复合面料新产品具有优良的服用性能和高性价比，是高档的针织起绒织物。

蚕丝复合面料的成功开发改变了单一桑蚕丝的沉闷局面，以天然纤维为主的多种纤维的复合，不仅可以保持不同纤维各自的特点和优点，而且可以通过扬长避短、优势互补体现出多组分纤维特有的魅力，从而扩大丝绸行业的服务范围。该技术还可应用到多种精细复合针织绸加工，对针织面料加工技术的提高和服饰产品多样化起到积极作用。

7.2 展望

纺织面料研发是一项系统工程，涉及纤维材料、纺纱、织造、印染和后整理等一系列环节。纤维原材料、纱线生产工艺、面料组织结构以及染整加工方式等因素的改变，都会影响面料的风格和效果。

本书聚焦蚕丝复合面料的开发，系统研究了七种蚕丝复合面料的织造工艺路径优化，并通过丝蛋白整理剂整理，使面料的保暖、抗菌、抗皱等性能显著提升。然而，受限于研究时间与实验条件，仍有许多内容有待于进一步深入探索，例如，可以选用更多的纤维原料与蚕丝进行复合；可以选用不同的纤维复合方式；可以选择更多的织物组织结构；可以对织物的手感风格进行评定与研究等等。总之，蚕丝复合织物作为新一代绿色纺织品，具有广阔的应用前景，对其产品进行研究是非常有意义的。

展望未来，随着现代纺织科技与材料科学的发展，面料的创新将有更广阔的天地。从纤维新材料的研发、纱线复合工艺的优化、织造生产技术的创新到绿色坏保产业生态的重构，复合面料将有更多的创新维度和创新空间。

最后，在本书即将完成之际，谨向给予本书悉心指导、大力支持和鼎力帮助的各位老师、朋友和同仁致以衷心的感谢！

参考文献

［1］李南.21世纪纺织品的发展趋势［J］.上海纺织科技，2005，33（1）：1-3.

［2］黄猛.我国绿色纺织品的现状及发展趋势［J］.棉纺织技术，2000，28（2）：31-35.

［3］裘愉发.纺织新产品的开发（一）：真丝产品［J］.上海纺织科技，2006，34（1）：28-30.

［4］周宏湘，徐辉.含蚕丝复合纤维的纺织和染整［M］.北京：中国纺织出版社，1996：22-24.

［5］贺庆玉，刘晓东.针织工艺学［M］.2版.北京：中国纺织出版社，2009：67-68.

［6］黄伟国.针织纬编绒类织物编织工艺探讨［J］.上海纺织科技，2003，31（5）：27-28.

［7］许吕崧，龙海如.针织工艺与设备［M］.北京：中国纺织出版社，1999：95-96.

［8］郁履方，戴元熙.纺织厂空气调节［M］.2版.北京：纺织工业出版社，1990：24-25.

［9］陈根荣.丝素整理剂的研究开发与应用［J］.丝绸，1996（4）：32-34.

［10］何新杰，梅士英.丝素整理剂在真丝绸防皱整理中的应用［J］.丝绸，1999（5）：19-22，4.

［11］洪学勤，傅师申，李振力.丝素蛋白在抗皱防缩整理中的应用［J］.丝绸，2008，45（2）：42-45.

［12］王佳培，胡建恩，白雪芳，等.蚕丝素蛋白及其应用［J］.精细与专用化学品，2004，12（12）：13-18.

［13］倪莉，王璋，姚文华，等.丝素蛋白结构的研究［J］.中国食品学报，2001，1（1）：12-16.

［14］刘建薪，华载文.水溶性聚氨酯的合成及在丝绸整理上的应用［J］.印染，2001（3）：36-37.

［15］刘京奇，刘羿君，封云芳，等.丝素整理剂对真丝绸抗皱性能影响研究

［J］.浙江理工大学学报，2005，22（1）：5-9.

［16］汪荣鑫.数理统计［M］.西安：西安交通大学出版社，1986：122.

［17］方开泰，金辉，陈庆云.实用回归分析［M］.北京：科学出版社，1988：1-20.

［18］景晓宁，李亚滨.新型针织内衣面料热湿舒适性影响因素主成分分析［J］.天津工业大学学报，2010，29（1）：39-42.

［19］顾乐华，朱平，张庆林.丝素整理剂的开发现状与发展趋势［J］.印染助剂，2005，22（9）：5-6.

［20］顾乐华.丝素整理剂的制备及应用［J］.山东纺织科技，2005（3）：5-7.

［21］张晓丽，许云辉，胡杜娟.丝素整理剂在真丝织物抗皱整理中的应用［J］.上海纺织科技，2010，38（12）：13-16.

［22］余晓红.服装材料识别与应用［M］.上海：东华大学出版社，2022：7-22，42-46，105-111.

［23］余晓红.织物组织结构与纹织CAD应用［M］.上海：东华大学出版社，2018：1-78.

［24］李彤.真丝多功能复合纤维面料开发［D］.苏州大学，2003.

［25］裘愉发.纺织新产品的开发（一）：真丝产品［J］.上海纺织科技，2006（1）：28-30.

［26］余晓红，卢华山.蚕丝针织起绒复合织物保暖性能成因分析［J］.针织工业，2011（6）：15-17.

［27］余晓红，卢华山，叶青青.绢丝复合绸针织起绒织物服用性能测试分析［J］.针织工业，2014（6）：26-29.

［28］余晓红，郑路，卢华山，等.真丝针织起绒复合织物生产实践［J］.针织工业，2022（6）：10-12.

［29］张海萍，朱良均，闵思佳.丝素蛋白的结构、制备及其应用研究进展［C］//中国蚕学会.全国桑树种质资源及育种和蚕桑综合利用学术研讨会论文集.浙江大学动物科学学院;浙江大学动物科学学院，2005：7.

附录　成果应用

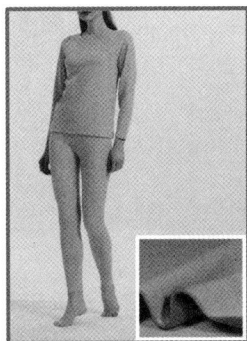

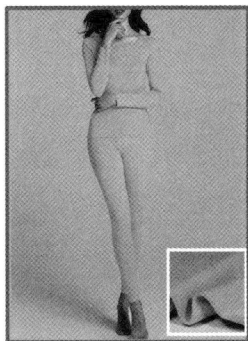

附图1　优化蚕丝复合面料在保暖衣中的应用

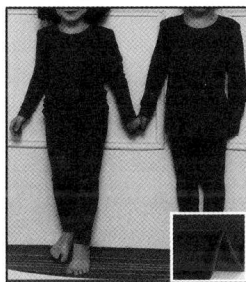

附图2　优化蚕丝复合面料在婴幼儿服装中的应用

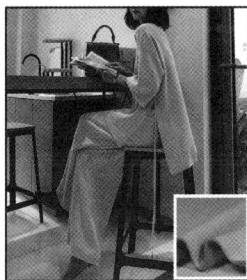

附图3　优化蚕丝复合面料在时装中的应用

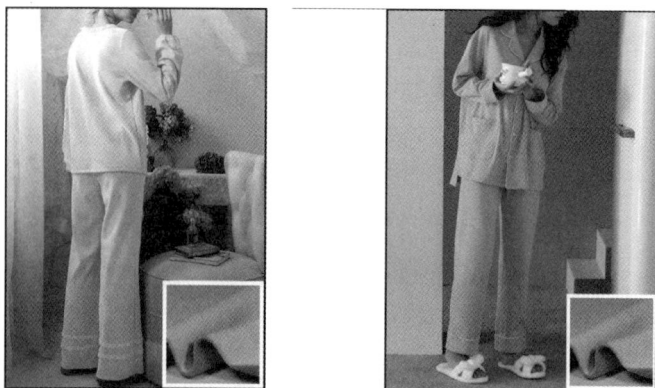

附图4　优化蚕丝复合面料在家居服中的应用

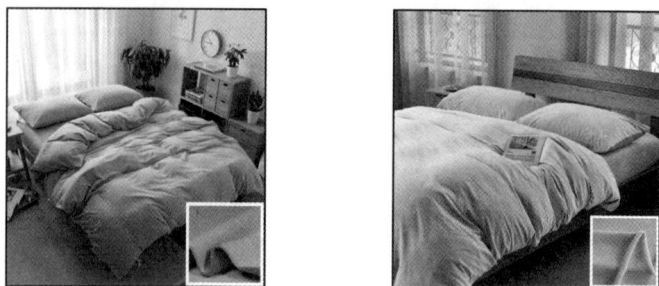

附图5　优化蚕丝复合面料在床上用品中的应用